茶文化与茶艺基础

隋春花　主编

广东旅游出版社
GUANGDONG TRAVEL & TOURISM PRESS
悦读书·悦旅行·悦享人生
中国·广州

图书在版编目（CIP）数据

茶文化与茶艺基础 / 隋春花主编. — 广州：广东旅游出版社，2024. 1
ISBN 978-7-5570-3183-1

Ⅰ.①茶… Ⅱ.①隋… Ⅲ.①茶文化—中国—高等学校—教材②茶艺—中国—高等学校—教材 Ⅳ.①TS971.21

中国国家版本馆CIP数据核字（2023）第253436号

出 版 人：刘志松
策划编辑：林保翠
责任编辑：林保翠　俞　莹
封面设计：谭敏仪
责任校对：李瑞苑
责任技编：冼志良

茶文化与茶艺基础
ChaWenHua Yu ChaYi JiChu

广东旅游出版社出版发行
（广东省广州市荔湾区沙面北街71号首、二层　邮编：510130）
电话：020-87347732（总编室）　020-87348887（销售热线）
投稿邮箱：1604000379@qq.com
印刷：广州桐鑫印刷有限公司
　　　（广州市白云区广从九路1038号实验楼一楼）
开本：787毫米×1092毫米　1/16
印张：16.25
字数：300千字
版次：2024年1月第1版
印次：2024年1月第1次印刷
定价：58.00元

饮茶方式的演变

图①：秦汉粥茶法
图②：唐代煎茶用具
图③：宋代点茶法
图④：明清泡茶法

茶事绘画的主要题材

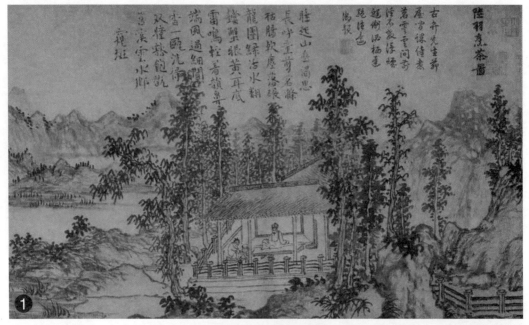

【元】 赵原 《陆羽烹茶图》

【清】 吴昌硕 《品茗图》

【宋】 赵佶 《文会图》

【明】 文徵明 《惠山茶会图》

茶画鉴赏要点

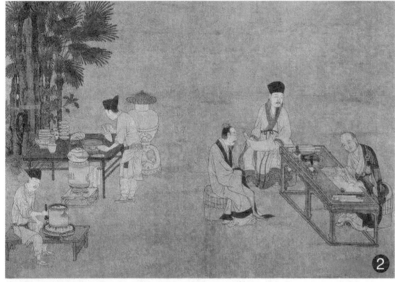

图①：【唐】周昉《调琴啜茗图》
图②：【宋】刘松年《撵茶图》
图③：【明】唐寅《事茗图》

汉族部分饮茶习俗

北京大碗茶（图①）；四川长嘴壶（图②）；江南青豆茶（图③）；潮汕工夫茶（图④）

中国部分少数民族饮茶习俗

蒙古奶茶（图①）；西藏酥油茶（供图：新坐标旅行标哥。图②）；白族三道茶（图③）；土家族擂茶（图④）

不同国家的茶俗文化

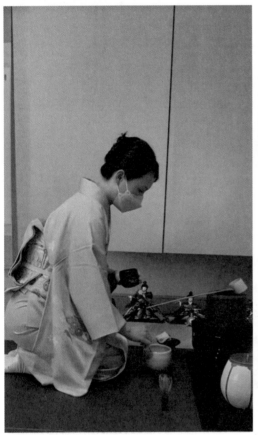

韩国清饮法（供图：陆尧）

日本清饮法

俄罗斯调饮法

英国调饮法

印度调饮法

摩洛哥调饮法

茶树的类型

乔木型茶树

小乔木型茶树

灌木型茶树

乔木型茶树

小乔木型茶树

灌木型茶树

茶树的生长环境

温度
15～25℃
喜温怕寒

喜湿怕涝

年降雨量
1000~2000
mm

光照
遮荫
蓝紫光

喜光怕晒

酸性
红黄土壤
pH4.0~5.5

喜酸怕碱

六大基本茶类

绿茶

红茶

青茶（乌龙茶）

黑茶

白茶

黄茶

六大茶类主要品类

绿茶之蒸青绿茶(恩施玉露)　　绿茶之炒青绿茶(西湖龙井)　　绿茶之烘青绿茶(太平猴魁)

绿茶之晒青绿茶　　红茶之小种红茶(正山小种)　　红茶之工夫红茶(滇红)

红茶之红碎茶　　青茶之闽北乌龙(武夷岩茶)　　青茶之闽南青茶(铁观音)

青茶之广东青茶(凤凰单丛)　　青茶之台湾青茶(东方美人)　　黑茶之湖南黑茶(安化黑茶)

黑茶之云南黑茶（普洱熟茶）

黑茶之四川边茶

黑茶之湖北老青茶（湖北青砖）

黑茶之广西六堡茶

白茶之白毫银针

白茶之白牡丹

白茶之贡眉

白茶之寿眉

黄茶之黄芽茶（君山银针）

黄茶之黄小茶（平阳黄汤）

黄茶之黄大茶（广东大叶青）

茶食品的主要类型

冷冻茶食品之末茶冰激凌（图①）；烘焙茶食品之末茶蛋糕（图②）；烹饪茶菜品之茶叶炒鸡蛋（图③）；休闲茶食品之龙井茶点（图④）

新式茶饮主要类型

珍珠奶茶（图①）；水果茶（图②）；混合茶饮之桂花乌龙雪顶（图③）；冷萃四季春（图④）；抹茶星冰乐（图⑤）

代表性新式茶饮

图①：鸳鸯奶茶
图②：柠檬红茶
图③：迷迭乌龙
图④：甘草枸杞红枣茶
图⑤：玫瑰蔓越莓冰茶
图⑥：椰子菠萝绿茶

茶饮品的调饮技术

酾茶法
—在茶杯中配置—

1酾茶法主要
是萃取茶汤。
运用茶水分离
的冲泡方法，
获取浓度适宜
的茶汤。

兑和法(Build)
—在杯中直接配置—

1将配方中的原
料和其他配料按
照所需的分量倒
入杯中。

2以比重大的配料
优先于比重小的配
料为原则依次倒入
杯中。

4使饮品分出层
次，比重小的原
料漂浮在上层。

3用调匙棒紧贴杯
壁慢慢倒入配料，
不可搅拌。

调和法(Stir)
—在混合杯中配置—

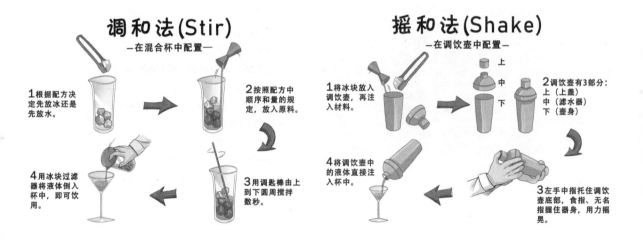

1根据配方决
定先放冰还是
先放水。

2按照配方中
顺序和量的规
定，放入原料。

4用冰块过滤
器将液体倒入
杯中，即可饮
用。

3用调匙棒由上
到下圆周搅拌
数秒。

摇和法(Shake)
—在调饮壶中配置—

1将冰块放入
调饮壶，再注
入材料。

2调饮壶有3部分：
上（上盖）
中（滤水器）
下（壶身）

4将调饮壶中
的液体直接注
入杯中。

3左手中指托住调饮
壶底部，食指、无名
指握住器身，用力摇
晃。

搅和法(Blend)
—在搅拌机中配置—

老式搅拌机

小型搅拌机

1将搅拌机中
填满碎冰块。

2按照配方
加入原料。

4将搅拌机内
的液体倒入饮
用杯中。

3盖好搅拌机，
开始搅拌，使
得冰块和液体
充分搅拌。

茶日化用品的主要类型

洗涤日用品（图①）；护肤化妆品（图②）；家居日用品（图③）；口腔护理品（图④）

茶叶的化学成分

水分：75%～78%

干物质：22%～25%

◆ **主要有机物**：

- 蛋白质：20%～30%
- 糖类：20%～25%（纤维素为主）
- 茶多酚类：18%～36%
- 脂类：约8%
- 生物碱：3%～5%（咖啡碱为主）
- 有机酸：约3%
- 氨基酸：1%～4%（茶氨酸为主）
- 色素：约1%
- 维生素：0.6%～1.0%
- 芳香物质：0.005%～0.03%

◆ **主要无机物**：F、Se、Zn、Fe、Mn、Mg、Al

茶叶审评器具

图①：评茶盘
图②：审评杯碗
图③：叶底盘
图④：天平
图⑤：计时器

茶叶审评操作流程

步骤一：取样

步骤二：把盘

步骤三：评外形

步骤四：称样

步骤五：冲泡

步骤六：沥茶汤

步骤七：评汤色

步骤八：闻香气

步骤九：尝滋味

步骤十：评叶底

不同发展阶段的茶具

图①：唐代以前的茶具
图②：唐代茶具
图③：宋代茶具
图④：明清茶具
图⑤：现代茶具

不同材质的茶具

粗陶茶具　　　　紫砂茶具　　　　柴烧茶具　　　　玻璃茶具

青瓷茶具　　　　白瓷茶具　　　　彩瓷茶具

金属茶具　　黑瓷茶具（建盏）　　漆器茶具　　　竹木茶具

常用茶具

煮水壶	茶叶罐	茶荷	茶则
茶匙	茶漏	茶壶	盖碗
公道杯	品茗杯	闻香杯	茶盘
水方（杯洗）	茶巾	茶针	茶滤
茶夹	壶承	杯托	盖置	茶筒

茶巾的折叠技巧

三叠法

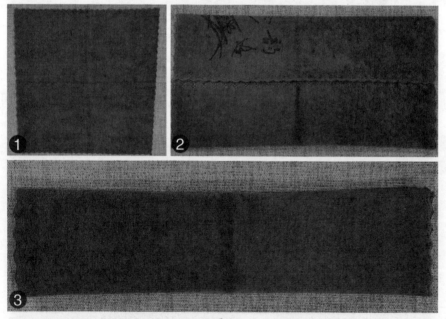

四叠法

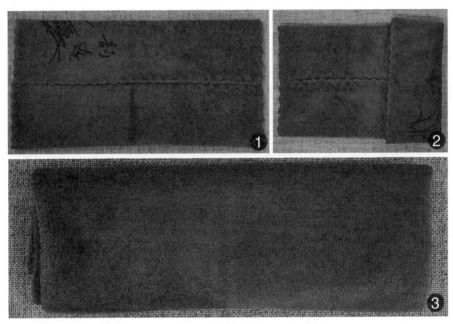

八叠法

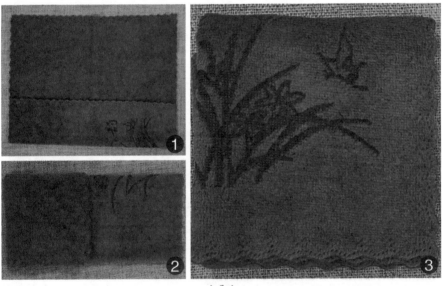

九叠法

温具技巧

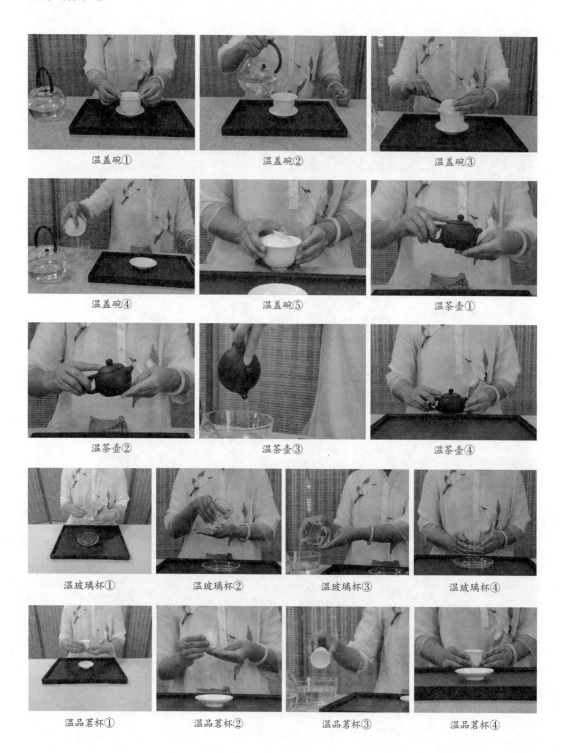

温盖碗①   温盖碗②   温盖碗③

温盖碗④   温盖碗⑤   温茶壶①

温茶壶②   温茶壶③   温茶壶④

温玻璃杯①   温玻璃杯②   温玻璃杯③   温玻璃杯④

温品茗杯①   温品茗杯②   温品茗杯③   温品茗杯④

注水技巧

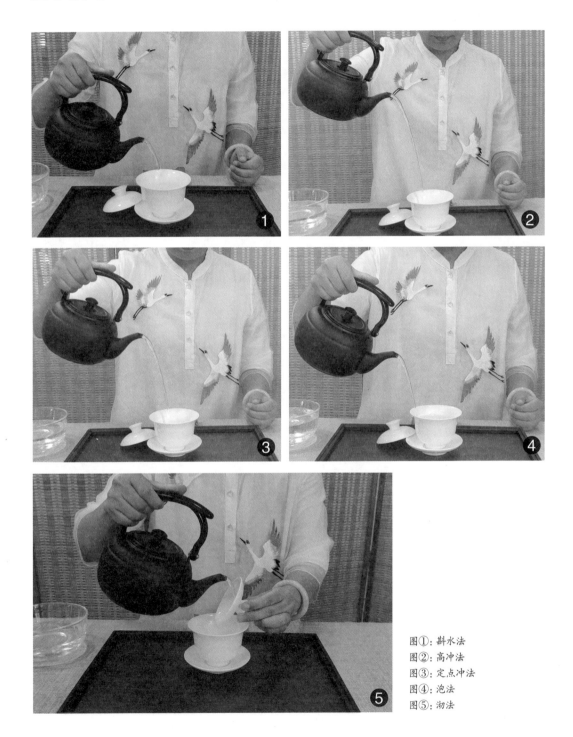

图①：斟水法
图②：高冲法
图③：定点冲法
图④：泡法
图⑤：沏法

19

绿茶玻璃杯茶艺

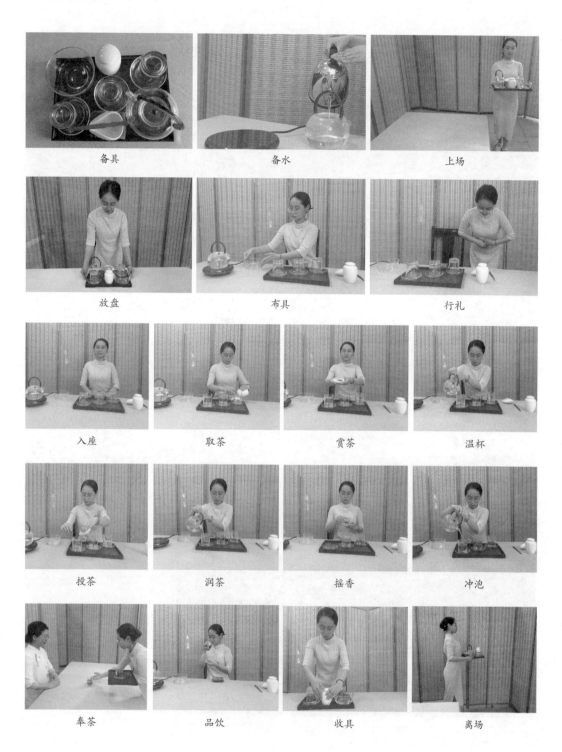

备具　　　　　　　　备水　　　　　　　　上场

放盘　　　　　　　　布具　　　　　　　　行礼

入座　　　　取茶　　　　赏茶　　　　温杯

投茶　　　　润茶　　　　摇香　　　　冲泡

奉茶　　　　品饮　　　　收具　　　　离场

红茶盖碗茶艺

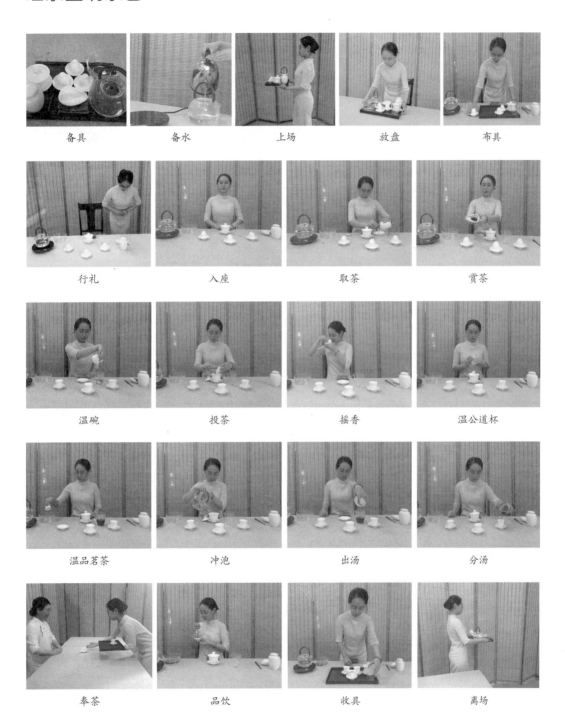

备具 备水 上场 放盘 布具

行礼 入座 取茶 赏茶

温碗 投茶 摇香 温公道杯

温品茗茶 冲泡 出汤 分汤

奉茶 品饮 收具 离场

乌龙茶小壶茶艺

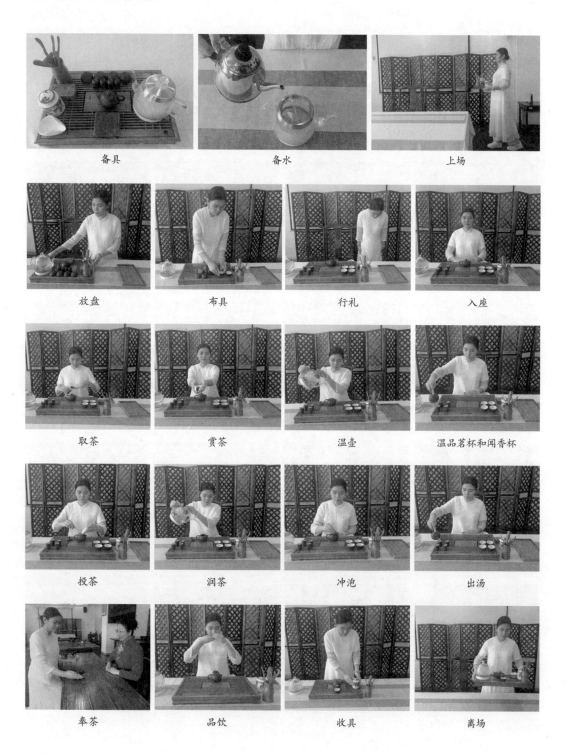

备具　　　　　　　　备水　　　　　　　　上场

放盘　　　　　布具　　　　　行礼　　　　　入座

取茶　　　　　赏茶　　　　　温壶　　　　温品茗杯和闻香杯

投茶　　　　　润茶　　　　　冲泡　　　　　出汤

奉茶　　　　　品饮　　　　　收具　　　　　离场

茶席的不同类型

地面茶席（图①）；古典型茶席（图②）；
宗教型茶席（图③）；桌面茶席（图④）；
艺术型茶席（图⑤）；表演式茶席（图⑥）；
民俗型茶席（图⑦）；家庭生活式茶席（图⑧）；
陈列展览式茶席（图⑨）；产品展销式茶席（图⑩）

茶席插花的不同形式

直立式插花（图①）；倾斜式插花（图②）；悬挂式插花（图③）；平卧式插花（图④）

茶席席面设计类型

坐姿茶席（图①）；跪姿茶席（图②）；盘坐姿茶席（图③）；站姿茶席（图④）

茶席的基本构图形式

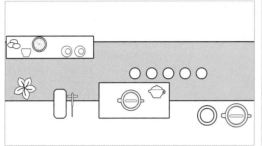

水平式茶席构图

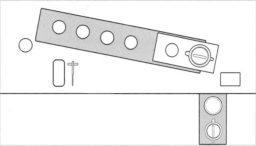

对角线式茶席构图

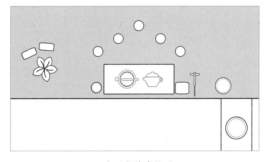

三角形式茶席构图

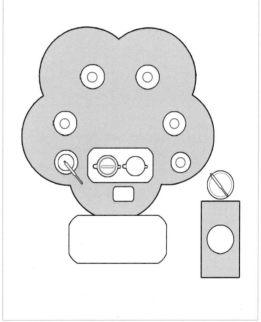

圆形式茶席构图

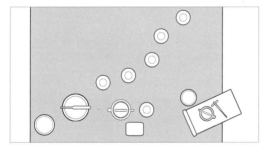

S 形律动式茶席构图

简易茶席布置流程

步骤 1: 展布铺垫

步骤 2: 茶具布设①

步骤 3: 茶具布设②

步骤 4: 茶具布设③

步骤 5: 茶具布设④

步骤 6: 茶具布设⑤

步骤 7: 茶具布设⑥

步骤 8: 茶具布设⑦

步骤 9: 放置插花

茶事仪容要求

头发自然大方（图①）；双手卫生整洁（图②）；服饰素雅大方（图③）

茶事仪态要求

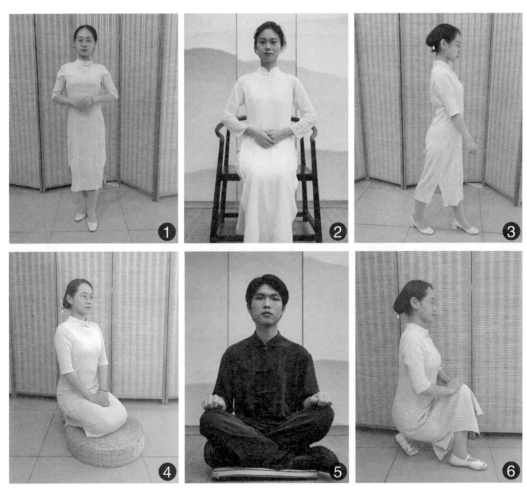

站姿（图①）；坐姿（图②）；行姿（图③）；跪姿之跪坐图④）；盘腿坐姿（图⑤）；跪姿之单腿跪（图⑥）

茶事行茶礼仪

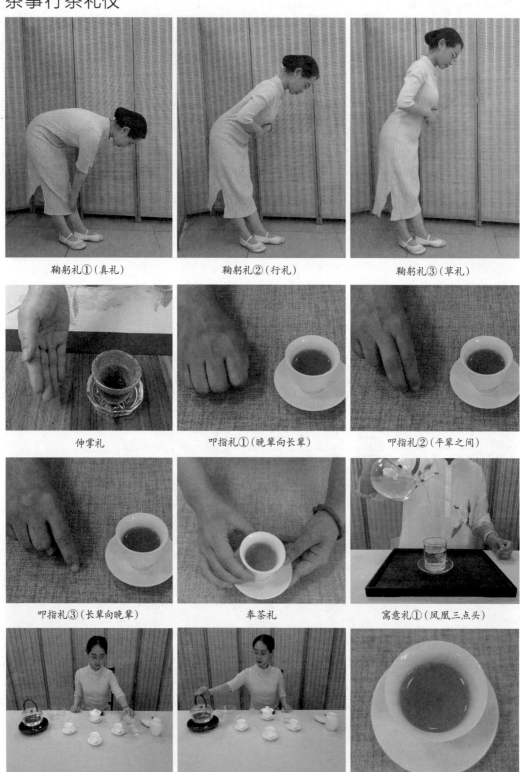

鞠躬礼①（真礼）　　　　　鞠躬礼②（行礼）　　　　　鞠躬礼③（草礼）

伸掌礼　　　　　　叩指礼①（晚辈向长辈）　　　　叩指礼②（平辈之间）

叩指礼③（长辈向晚辈）　　　　奉茶礼　　　　　寓意礼①（凤凰三点头）

寓意礼②（双手回旋）　　　　寓意礼③（放置茶壶）　　　　寓意礼④（斟茶礼）

茶事服务准备

器具准备（图①）；环境准备（图②）；
茶品准备（图③）；人员准备（图④）

茶事服务

热情迎宾

规范引领

拉椅让座

递单点茶

泡茶奉茶

奉上茶点

巡视台面

结账买单

热情送客

收拾桌面

茶旅资源类型

茶自然资源类　　　　　　　　茶事遗址类　　　　　　　　　　茶具遗址类

其他茶文化遗址类（供图：普洱茶马古　　　茶特色建筑类　　　　　　　　茶旅游商品类
道旅游景区）

茶风俗民情类　　　　　　　　制茶传统技艺类　　　　　　　　茶节庆赛事类

茶文化艺术类：采茶戏　　　　　宗教茶文化类：径山茶宴（供图：径山禅寺）

前　言

中国是茶的故乡，是世界茶文化的发源地。

茶，作为中国传统待客之道和标志性文化符号，是人与人之间交往的重要媒介。中国茶和茶文化作为中国优秀传统文化的重要载体，穿越历史，跨越国界，融入全球人民的生活，成为一种世界各国人民共同的沟通"语言"。2019年12月，联合国大会宣布将每年5月21日确定为"国际茶日"，肯定了茶叶的经济、社会和文化价值，促进全球农业的可持续发展。这是国际社会对茶叶价值的认可与重视。"美美与共，和而不同"，以茶会天下宾朋，以茶敬世界大同。因此，学习茶文化与茶艺，可以丰富精神生活，提高个人素养，坚定文化自信，增强民族凝聚力。

本教材以"茶文化、茶产业、茶科技、茶技艺、茶服务"五个模块（每个模块内包含三个任务）为编写框架，以"重实操、强能力、求创新"为导向，以"融入思政元素、顺应时代需求、创新教学改革"为特点，将理论知识与实操训练紧密结合，突出弘扬茶文化、传播茶知识和传承茶思想的目的，并在编写体例上突破传统教材的呈现形式，以"思维导图、学习目标、知识准备、任务引入、任务分析、任务实施、知识拓展、任务考核"作为每个任务的编写体例，结合茶艺师和评茶师考评要求，基于任务，设计案例，聚焦实战，培养与社会接轨的专业人才。

本教材是响应国家对创新型、复合型、应用型人才培养的需要，为向社会输送优秀的茶文化、茶产业和茶艺工作者而特别编写的。作为中高职及本科院校茶艺、茶学、旅游管理、酒店管理、园艺、茶艺与茶文化、茶艺与茶叶营销、秘书等专业的教学用书，本教材以"课程思政"教育理念和"三茶统筹"发展思想统领编写过程，深入挖掘课程思政元素，实现"育知"与"育德"的有机融合。

本教材编写方面的创新和特色主要体现在以下三点：

第一，融入思政元素，提升职业素养。本教材采取"润物细无声"的方式，深入挖掘茶文化传播中的文化自信、茶故事中的廉洁奉献精神、非遗茶具的工匠精神、健康饮茶的科学精神、茶艺内外兼修的人生观、茶道天人合一的自然观等思政元素，以核心价值观为引领，以职业素养为核心，使教材基本知识和实操训练紧密结合，使思政教育和专业教育同频共振。

第二，顺应时代需求，更新知识结构。本教材紧密对接国内外茶文化与茶艺的传承传播趋势，突出茶文化与茶艺的时代特点，关注"国际茶日"和我国"全民饮茶日"活动，教材中的茶文化、茶产业、茶科技、茶技艺和茶服务等内容与时俱进，图文并茂，通过"茶故事、茶科普、茶艺术"等链接拓展知识，增强教材的时代特色。

第三，立足三个平台，创新教学改革。本教材以"重实践、强能力、求创新"为导向，创建"三个平台"立体化教学环境，实现老师"可教可调可评"和学生"即学即练即测"的"三全育人"目标。在理论教学平台上，坚持思政教育在茶文化基本知识和茶艺基本技能等教学环节中的引领作用；在实践教学平台上，以技能掌握为目标，让学生在茶艺操作和茶叶审评等实训中体会家国情怀和工匠精神；在创新教学平台上，不断创新阶段性教学环节和综合性课程设计。

本教材获广东省本科高校教学质量与教学改革工程建设项目"旅游管理特色专业"、广东省高等教育教学改革项目"《茶文化与茶艺》课程思政教学改革与实践路径研究"、广东省一流本科课程《茶文化与茶艺基础》、韶关学院规划教材《茶文化与茶艺基础》等项目资助。在编写过程中，又借鉴引用了相关专家学者出版的著作、发表的论文和网络资料，尤其是周智修、童启庆、王岳飞、江用文、阮浩耕、于良子、王琼等诸位老师在茶文化与茶艺方面的系统研究成果，更是给予了本教材诸多启示；此外，教材的材料收集和照片拍摄过程还得到许多爱心人士的帮助，如黄燕飞、汤建荣、杨立婷、邓姈娜、隋依凡、李彦霖、黄欣彦、钟冬冬、程先群等，编者在此一并深表诚挚谢意。

本教材主要由隋春花老师负责编写和统稿。诸参编老师中，杨镇武老师和韩鹏老师参与全书的框架构建，张远连老师参与任务1的编写，李文老师参与任务2的编写，何素玲老师参与任务3、4、14的编写，高恒冠老师参与任务5、6、8的编写，漆萍老师参与任务9的编写，陈戈老师参与任务10的编写，邓鹏丽老师参与任务7、13的编写，韩鹏老师参与任务15的编写。

由于精力和能力有限，尽管竭尽全力，难免存在错误。敬请全国相关院校师生、专业学者和爱茶人士雅正，便于教材进一步完善。

目 录

项目1

茶文化篇

任务1
茶文化发展

思维导图

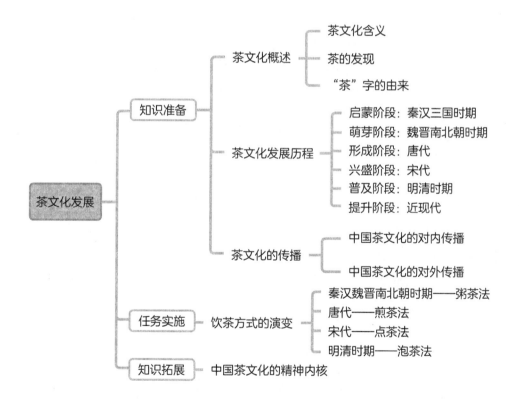

学习目标

1.知识目标：了解茶文化的含义、茶文化发展历程、饮茶方式的演变和茶文化传播历程。

2.技能目标：阐述不同时期饮茶方式的演变及其特点。

3.思政目标：热爱中国茶文化，领悟茶文化的思想内核，理解中国茶文化对世界的影响。

知识准备

一、茶文化概述

（一）茶文化含义

茶文化起源于中国，盛行于世界。

在茶文化漫长的孕育与成长过程中，中国数千年文明发展史为其奠定了丰厚的基础。正是由于不断吸收、融入中华民族优秀传统文化的精髓，茶文化才最终以其独特的审美情趣和鲜明的包容风格成为中华民族灿烂文明的重要组成部分。

从另一个方面说，不管是平民百姓的"柴米油盐酱醋茶"，还是文人雅士的"琴棋书画诗酒茶"，茶都是中国人的生活中不可或缺的部分。这种仙山灵草，以其天地山川赋予的色、香、味、形，给人们以感官享受，以其人文化成的礼、俗、艺、道，润物细无声地给人们以精神滋养和心灵体验。理解茶文化，需要从人与自然的关系、人与人的关系、人与自己的关系三个层面出发，感悟"茶中有深味，壶中天地长"的精神内涵。

茶文化从无到有，从物质到精神，从无序化到系统化，是人们在饮茶过程中产生的文化现象和社会现象。从广义上看，茶文化是指人类在种茶、制茶及饮茶的社会历史过程中所创造的有关茶的物质财富和精神财富的总和；从狭义上看，茶文化特指人类创造的有关茶的"精神财富"部分，如茶历史、茶诗词、茶书画、茶技艺等。

（二）茶的发现

中国是最早发现和利用茶的国家。据科学家研究，茶树起源至少有六七千万年之久。人工栽培茶树，在我国至少有三千多年的历史。

从文化角度，关于茶的发现有三种传说，比较流行的说法是"神农说"，在不同时期还存在"达摩说"和"陆羽说"等。

1.神农说

唐代陆羽《茶经》里说："茶之为饮，发乎神农氏，闻于鲁周公。"并以《神农本草经》和《神农食经》为判断依据，前者载："神农尝百草，一日遇七十二毒，得荼而解之。"后者载："荼茗久服，令人有力悦志。"此处的"荼"，就是"茶"。

2.达摩说

传说达摩祖师从印度东渡到中国修禅，发誓无眠禅定九年，以警醒世人，但到第三年就常打瞌睡。有一次，达摩不留神睡着了。醒来后，羞愤的达摩把自己的眼皮撕下来丢在地上。结果不久后，就在他丢掷眼皮的地方居然长出一棵小树，树上双叶并生，形如眼皮。从此达摩想打瞌睡时，就摘这棵小树上的叶子嚼，发现能益神醒脑。弟子们也学着采了叶子饮用，开始了禅寺饮茶之风。这棵小树，就是茶树。

3.陆羽说

陆羽，唐朝人，在亲自调查和实践的基础上，完成世界上第一部系统介绍茶的著作《茶经》，被尊称为"茶圣"。宋梅尧臣有句："自从陆羽生人间，人间相学事春茶。"古代茶业形成从唐代开始，确切地说，是在陆羽《茶经》广为流传之后开始。

（三）"茶"字的由来

茶，古时也称荼、荈、茗、槚等。我国最早的一部词典《尔雅》中的"释木"篇，有"槚，苦荼"的说法，"苦荼"一词注释为"叶可炙作羹饮"，也就是说，"苦荼"是一种带苦味的植物叶子。《神农百草经》把茶称为"荼草"。西汉司马相如的《凡将篇》将茶称作"荈诧"。西汉扬雄的《方言》将茶称为"蔎"。东汉许慎《说文解字》中出现"荈""茗"字，北宋徐铉等注解"茗，荼芽也。"清郝懿行说："至唐陆羽著《茶经》，始减一画作'茶'。"唐代，"茶"字因出自《开元文字音义》而被确定，开始成为通用名称，沿用至今。

二、茶文化发展历程

在五千多年的茶文化历史进程中，茶叶由药用、食用扩展至饮用，茶人在事茶、行茶、饮茶中不断发现美、创造美、传承美，形成了绚丽多彩的茶俗风情，积淀了丰富深厚的茶艺技能，创作出异彩纷呈的茶事艺文。总体来说，中国茶文化始于西汉，萌芽于魏晋南北朝时期，形成于唐代，兴盛于宋代，普及于明清时期。在经历了不同成长阶段后，于近现代逐步走向成熟（见表1-1）。

表 1-1 茶文化发展历程

发展阶段	发展概要
启蒙阶段：秦汉三国时期	●据《华阳国志》记载，约公元前 1000 年周武王伐纣时，巴蜀一带已用所产的茶叶作为"纳贡"珍品。 ●清顾炎武在《日知录》中提及，"自秦人取蜀后始知茗饮"。也就是说，大约到了秦惠文王更元九年（前 316），原本作药用或菜食的茶才开始用于饮用。 ●西汉王褒的《僮约》中有两处提及茶叶："烹茶尽具""武阳买茶"，可见在汉代，我国四川一带的饮茶风尚已十分普遍，并且有专门买卖茶叶的市场。东汉神医华佗在《食论》中的"苦荼久食，益意思"，则记载了茶的医学价值。 ●《三国志》记载吴国君主孙皓（孙权的后代）"密赐荼荈以代酒"，是"以茶代酒"的最早记载。 综上可见，秦汉三国时期，是茶继药用、食用拓展为饮用的早期阶段，茶多以物质形式出现，并渗透到其他人文科学中，属于茶文化的启蒙阶段。

（续表）

发展阶段	发展概要
萌芽阶段： 魏晋南北朝 时期	●张载是西晋时期的茶叶代言人，他在《登成都白菟楼》中，盛赞成都的茶"芳茶冠六清，溢味播九区"。此外，左思的《娇女诗》有"止为茶荈剧，吹嘘对鼎䥄"，也是最早提及茶事的诗篇之一。 ●西晋文人杜育的《荈赋》，在茶文化史上具有开创价值，是最早的一篇茶事文赋，第一次比较完整地记载了茶的生长环境、种植、采摘和品饮："厥生荈草，弥谷被岗。"《荈赋》也是最早论说茶艺的文学作品，首次从审美角度描述茶汤"沫饽"（即汤花）的美妙趣味："惟兹初成，沫沉华浮，焕如积雪，晔若春敷。" ●《晋中兴书》记载：陆纳为吴兴太守时，卫将军谢安来访，"所设唯茶果而已"；《晋书》载：扬州牧桓温，"性俭，每宴饮，唯下七奠柈茶果而已"。陆纳、桓温面对晋代上层社会饮食上的奢华排场，以茶示俭，以素比德，开创茶宴的先河。 魏晋南北朝时期，从"六饮"到茶饮，作为一种生活方式，饮茶已被主流社会承认，茶事进入文学作品，呈现出审美化、礼仪化的特征，被赋予了精神内涵，属于茶文化萌芽阶段。
形成阶段： 唐代	●唐代饮茶盛行，其原因主要有五方面。第一，大运河南北通航，大大降低了茶叶运输成本。第二，与科举制度有关。科考时，朝廷为祛除应举士人的疲乏，会送茶汤入考场，称"煎麒麟草"。举子们来自四面八方，朝廷一提倡，饮茶之风便在上层社会和文人雅士中传播。第三，与设立贡茶院有关。如吴越的阳羡紫笋茶、湖州的顾渚紫笋茶等，都属于贡茶院生产的贡茶，促进了茶叶生产。第四，与禅宗的坐禅、修禅需要饮茶提神的倡导有关。《封氏闻见记》卷六《饮茶》载："学禅务于不寐，又不夕食，皆许其饮茶。人自怀挟，到处煮饮，从此转相仿效，遂成风俗。"第五，与文人诗客对茶的传播有关。唐代诗风大盛，《全唐诗》（包括《全唐诗补编》）留下了唐代187位诗人创作的665首咏茶或咏及茶的诗篇，如孟浩然、王维、李白、杜甫等的茶诗。 ●陆羽开创茶书著述，《茶经》应时而出。《茶经》开篇明示："茶之为用，味至寒，为饮，最宜精行俭德之人。"陆羽以茶比德，赋予饮茶以精神滋养之功。《茶经》把"品茶小技"上升到了"经"与"文"之境界，全方位推动了唐代茶业的发展和茶文化的兴盛。 ●茶税开征与茶马贸易的开启，促进唐代茶叶贸易的繁荣。 ●唐代中华文化灿烂辉煌，光耀四方，世界各国纷纷遣使节、留学生来唐学习，中国茶文化随之传播，茶也随着商贸和文化交流传到了日本和朝鲜半岛，其中以向日本的传播最为频繁和突出。 唐代茶书的创作开历史风气之先河，饮茶习俗的普及流行，茶事艺文的繁荣兴盛，茶叶生产贸易的空前发展，都标志着中国茶文化的全面形成。
兴盛阶段： 宋代	●宋代的茶叶生产进一步繁荣。以建安（今福建省南平市建瓯市）北苑官焙贡茶为代表，如"龙团凤饼"的精益求精，达到了农耕社会手工生产制造所能达到的顶峰与极致。 ●政治制度充分保障。北宋立国之后，最初几代皇帝对茶都很重视，设立茶事机构，茶仪礼制也逐渐形成，茶法（指国家对茶叶征税和榷禁专卖的各种制度）成为宋代重要的社会文化内容。基于贡茶的赐受茶制度，成为宋代独特的茶文化现象。

（续表）

发展阶段	发展概要
	●茶叶生产与贸易高度发展。宋代产茶区域不断扩大，茶叶产量不断提高，茶叶贸易迅猛发展。 ●茶馆及茶事服务社会化。两宋都城汴梁、临安的茶馆盛极一时。汴梁茶坊多集中于"御街一直南去，过州桥"两边、朱雀门外街巷、潘楼东街巷、相国寺东门街巷等处，临安则"处处各有茶坊"。 ●茶事艺文的精致繁荣。宋代茶业经济空前繁荣，社会各阶层钟爱饮茶，形成各种茶观念和茶习俗，留下许多经典的茶诗书画作品，如蔡襄的《茶录》、赵佶的《大观茶论》等茶书，以及范仲淹、欧阳修、苏轼、陆游、杨万里等留下的许多脍炙人口的茶诗茶词。 宋代是中国茶业与茶文化史上一个极为重要的历史时期。这一时期的茶叶加工、品茶观念、点茶技艺、茶艺器具、鉴赏标准等都有极大发展，中国茶文化进入繁荣兴盛阶段。
普及阶段： 明清时期	●明初，太祖朱元璋于洪武二十四年(1391)九月诏令废除贡茶龙凤团茶："上以重劳民力，罢造龙团，惟采茶芽以进。"叶形散茶成为茶叶的主要形态。"废团改散"是中国饮茶方法史上的一次革命，促进了茶叶生产和茶文化的普及。 ●明清时期，茶叶生产技术进步，六大茶类制茶工艺悉数成熟，茶叶生产出现科学化和技术化的新趋势。 ●茶业经济发生转型，从以内贸和边贸为主，到以内贸和国际贸易并重。明代的茶法分为三类：商茶、官茶和贡茶。官茶储边易马是明朝茶法的重点，"国家重马政，故严茶法"。 ●明清茶事艺文众多，主要成就多体现在散文、小说等方面。从数量上来看，明代茶书创作是中国古代茶书创作的高峰时期，占中国古代茶书总数的一半左右。如120回的《红楼梦》中，就有112回共273处写到茶事。 明清两代是中国茶文化发展发生重大变革的历史时期，茶叶生产方式和茶叶饮用方式的变化，使饮茶之风更加普及至城乡民间。
提升阶段： 近现代	●自觉呼唤，文化复兴。20世纪80年代初，茶产业告别"短缺"，市场呈现出由资源约束转变为消费约束和需求约束的特点。1983年，时任中国社会科学院副院长的于光远撰文《茶叶经济和茶叶文化》，提倡宣传"茶叶文化"，提出"一是要提高我国茶叶在世界上的地位；一是要提高茶叶在人民生活中的地位"。 ●茶文化社团应运而生。众多茶文化社团成立，对弘扬茶文化、引导茶文化、促进"两个文明"建设，起到了重要作用。其中，规模和影响较大的是"中国国际茶文化研究会"和"中华茶人联谊会"。 ●茶文化节日和国际茶会不断举办。随着"全民饮茶日"和"国际茶日"的确立，许多省市每年都会举办规模不等的茶文化节日和国际茶会或学术研讨会。 ●茶事艺文作品涌现。众多专家学者对茶文化进行系统、深入的研究，茶文化书籍报刊大量涌现，如《中国茶与健康》《中国茶经》《茶人三部曲》等，还有许多影视作品。 中华人民共和国成立后，社会经济和茶叶产业都得到迅速发展，20世纪80年代后，传统茶文化得以觉醒、回归和复兴。进入21世纪以来，茶文化迈入创新发展的提升阶段，成为一种时尚生活方式，一种消费经济文化，一种创意文化产业。

三、茶文化的传播

（一）中国茶文化的对内传播

中国是茶的故乡，茶树起源于中国。我国西南的云贵高原一带是世界上最早发现野生大茶树和现存野生大茶树最多、最集中的地区，被称为"茶的原产地"。

从茶叶生产看，中国古代茶叶生产重点的传播路线由西部（云贵地区）到东部（长江中下游地区），再传播到南部（华南地区）。从陆羽《茶经》及其他文献记载看，唐代的茶区已经遍及中国南方14个省区，几乎和当今我国长江以南茶区分布范围相当。

从饮茶角度看，我国饮茶范围从西汉的巴蜀，逐渐向中原、华东、华南广大地区传播。

从饮茶主体看，由上层社会逐渐向城乡民间传播。随着种茶地区越来越广，饮茶也越来越普及。

从地缘角度看，中国茶文化对内传播的主要路径有四条（见表1-2）：第一条是从澜沧江和怒江向横断山脉扩散；第二条是沿着西江和红水河向东部及东南地区扩散；第三条是沿着金沙江和长江向云贵高原东北部扩散；第四条是由云贵高原沿长江水系向湖南、湖北、江西、安徽、江苏、浙江等地区扩散。

表1-2　中国茶文化的对内传播路径

传播路径	传播的主要地区
从澜沧江和怒江向横断山脉扩散。	●云南中西部地区，临沧、保山、普洱等地。
沿着西江和红水河向东部及东南地区扩散。	●沿西江传播至广西、广东南部。 ●沿红水河传播至南岭山脉，包括广东北部、湖南和江西南部地区。
沿着金沙江和长江向云贵高原东北部扩散。	●云南、贵州和四川交界处。 ●秦岭、大巴山地区。
由云贵高原沿长江水系向湖南、湖北、江西、安徽、江苏、浙江等地区扩散。	●湖南、湖北、江西、安徽、江苏、浙江等省。

（二）中国茶文化的对外传播

当今世界有80多个国家和地区种植茶树，170多个国家和地区的30多亿人饮茶。中国是最早种植茶和利用茶的国家，其他国家的茶树、茶叶、制茶技术和饮茶方式都是直接或间接地由中国传入的（见表1-3）。中国茶与茶文化首先通过陆路向朝鲜半岛、日本、中亚和西亚等地传播，"茶"字在这些地区的发音以cha为主，与今天的中文发音较为相似；然后通过海路向东南亚、欧洲、美洲等地传播，发音均来自闽南方言Tay或潮汕方言，如英语的Tea和德语的Tee。

表 1-3 中国茶文化的对外传播

传播区域	主要国家和地区	茶文化特点与代表
亚洲	●朝鲜半岛。 ●日本。 ●东南亚地区，以越南、老挝、泰国、柬埔寨、马来西亚、新加坡、菲律宾、印度尼西亚等国家为主。 ●南亚地区，以巴基斯坦、印度、孟加拉国、斯里兰卡、尼泊尔等国家为主。	●朝鲜的茶礼。 ●日本的抹茶道、煎茶道。 ●印度的拉茶。 ●马来西亚的飞茶。
欧洲	●葡萄牙在古代航海技术先进，中国茶最早经由葡萄牙的海上贸易传入欧洲，然后以葡萄牙为中心先后向意大利、荷兰、英国、德国、法国等国家传播。	●欧洲的下午茶。
美洲	●北美地区，以美国和加拿大为主。 ●南美地区，以巴西和阿根廷为主。	●18世纪中期，饮茶习俗在北美社会各阶层普及，茶叶成为人们日常生活中不可或缺的饮品。 ●南美地区从中国获得茶苗、茶籽和技术指导，以生产绿茶和红茶为主。
非洲	●肯尼亚、乌干达、乌拉圭等地区是非洲的茶叶主要生产国，其中肯尼亚的茶叶种植和出口在非洲排名第一，在全球范围内仅次于中国和印度。	●饮用红茶为主。
大洋洲	●大洋洲各国的茶叶种植和饮用主要由移民带去，主要集中在新西兰、澳大利亚等国家，其中新西兰人均饮茶量在世界名列前茅。	●受欧洲下午茶习俗的影响，主要以红茶为主。

任务引入

同学A和同学B一起在看电视剧《梦华录》，对女主角表演的茶百戏很感兴趣。

同学A：茶百戏好神奇啊。

同学B：是啊，神仙姐姐真是神操作呀，不过我都不知道这茶该咋喝了。

同学A：对呀，古代泡茶那么复杂，我们现在喝茶简单多了。

同学B：以前为什么要这样呢？是如何发展到今天这种喝法的？

同学A：我也不太清楚。

于是，他们决定一起去了解中国饮茶方式的演变。

任务分析

本案例中，同学A和同学B和很多观众一样，因女主角而去观看《梦华录》，却意外地对宋代茶文化产生兴趣，主动去了解茶百戏和点茶技艺。

不同时期，茶的饮用方式不同。电视剧《梦华录》故事的背景为北宋时期，是我国茶文化发展的高峰期，举国上下饮茶之风盛行，茶成为民众日常生活的必需品。点茶（宋代的饮茶方式）与焚香、插花、挂画一起，成为当时文人雅士追求雅致生活的"休闲四艺"。点茶法在继承唐代饮茶风俗——煎茶法的基础上，发展出更多趣味性和观赏性，是古代茶叶品饮历史中最浪漫、最奢华、最多彩的阶段。

宋代的点茶与唐代的煮茶最大的不同是煮水不煮茶，茶不再投入锅里烹煮，而是用沸水在盏里冲点。根据蔡襄《茶录》和赵佶《大观茶论》的记载，宋代的点茶操作大致可分为以下的六个步骤：炙茶、碾茶、罗茶、候汤、熁盏、点茶。点茶是最关键、最体现技艺的一环。点茶的第一步是调膏。调膏需掌握末茶与水的比例，一盏中放末茶一钱，注汤调成极均匀的茶膏。再注汤，用茶匙或茶筅环回击拂，以盏内沫花颜色鲜明、着盏无水痕为绝佳。点茶颇见功力，因此宋代常就点茶技法进行竞赛，称为"斗茶"。斗茶技艺强调鉴赏汤花，不断追求技艺和情趣，导致了"茶百戏"的出现。"茶百戏"又称分茶、水丹青、茶戏等，始于唐而盛于宋，是以研膏茶为原料，将研膏茶碾细成粉、搅拌形成茶汤的悬浮液，用清水使茶汤幻变图案的独特技艺。"茶百戏"将茶从饮品上升为艺术，实现了从物质到精神的升华，2017年被列入福建省非物质文化遗产名录。

任务实施

茶自秦汉时期起推广饮用，不同时期的饮茶方式不同。中国茶的饮用方式，从总体上经历了粥茶法、煎茶法、点茶法和泡茶法四个阶段。具体内容见表1-4。（图见第01页"饮茶方式的演变"）

表 1-4　饮茶方式的演变

饮用时期	饮茶方式	饮用特点
秦汉魏晋南北朝时期	粥茶法	●也叫羹饮法。秦汉至三国年间，茶的饮用大多采取混煮羹饮的方法。混煮而成的茶饮料，在西晋的文献中被称为"茶粥"，如《司隶教》中就有"蜀妪作茶粥卖"的记载。 ●粥茶法的具体做法主要有四步：第一，将茶饼炙烤成红色；第二，把茶饼捣碎成细末；第三，把茶末放入瓷器中，冲入沸水；第四，加入葱、姜、橘子、盐等材料进行混煮。三国时魏人张揖在《广雅》中记述："荆、巴间，采叶作饼，叶老者，饼成以米膏出之。欲煮茗饮，先炙令色赤，捣末置瓷器中，以汤浇覆之，用葱、姜、橘子芼之。"

（续表）

饮用时期	饮茶方式	饮用特点
唐代	煎茶法	●唐代是古代茶叶加工制作和饮用方式的成熟阶段，开创蒸青制饼法，推行煮茶清饮，极大提升了茶汤品质。 ●唐代的茶叶品种主要有粗茶、散茶、末茶、饼茶等，其中，饼茶为社会推行的主流。
		●唐代中期，陆羽《茶经》出现，开始盛行煎茶法。饮用步骤主要包括炙茶、碾末、煮水、煎茶、酌茶。唐代煎茶清饮保持茶叶的原味，不再加入葱、姜和橘子等材料进行调味，但仍然会加入适量的盐。
宋代	点茶法	●宋代是团饼茶制作技艺的最高峰，点茶法成为当时社会主流的饮茶方式。 ●根据蔡襄《茶录》和赵佶《大观茶论》的记载，宋代的点茶操作大致可分为以下六个步骤：炙茶、碾茶、罗茶、候汤、熁盏、点茶。 ●宋代点茶，以茶粉作为原料，用沸水点冲，将茶粉调和成膏状，再添加沸水并反复击打，使之产生泡沫（也称为汤花），饮用时茶粉带水一起喝。点茶不添加任何调味料，保持茶的真味。
明清时期	泡茶法	●明清时期，无论茶叶的生产和消费，还是茶的品饮技术都发生了变革，去繁就简，饮茶得到全社会普及。 ●明清时期，穷极工巧的龙团凤饼为自然烘炒的散茶所替代，品饮方式由碾磨成末冲点而饮，变革为沸水直接冲泡散茶而饮，追求茶的真香原味。 ●根据明代许次纾《茶疏》所述，撮泡法（泡茶法）的要领有五点：火候、选具、荡涤、烹点和饮啜。

知识拓展

中国茶文化的精神内核

茶，有"形而下"看得见的一个层次，还有"形而上"看不见的另一个层次，若隐若现，却无所不在，且兼容并蓄儒、释、道的思想精髓。中国文化大传统中的儒、释、道诸家，都在茶的品饮生活中渗透进各家的精神理念和茶修途径，譬如儒家以茶修德，佛家以茶悟禅，道家以茶隐逸。中国茶文化有丰厚的历史积淀，承载了历代茶人的理想情怀，展现了茶人的智慧和品格。魏晋时代，茶被赋予"俭约""素业"的精神，引导社会的价值取向。唐代茶人承袭前代的"俭"，同时提出"德"与"和"的精神。宋代传承唐人"致和"的观念，提出"致清导和"之说。明清茶人多颂扬茶的"清""明""精""真"的精神。当代茶人重提茶德，崇尚以敬为礼、以和为贵、以清为德。

茶文化思想，是在茶的品饮生活中，由礼仪遵行、习俗认知、技能体验和艺术鉴赏而内向自省所感悟到的精神哲思，是人生历练的生命智慧。在经历百年未有之大变局、建设中国特色社会主义的今天，建设物质文明的同时，要不忘构筑精神家园，在茶的品饮和茶事活动中，追求精神的滋养和内心的富足。结合这一时代需求，综合凝练出"和、敬、清、美、真"为中华茶文化的精神内核。

一、"和"是中国茶文化思想的核心

儒、释、道三家各自独立，自成一体，又相辅相成，但在主旨"和"的思想上，三家却高度一致，这也体现了儒、释、道三家的圆通融合。中国历代以"和"为美的思想，在有关茶的诗歌、绘画等各种艺术作品中得到充分的展现和阐释。茶文化中的"和"，体现的是人与人、人与自然及人与自我的身心灵的和谐，和而不同，美美与共。

二、"敬"是中国茶文化思想实现的通道

恭在外，敬在内，是茶之于礼的价值和人行于世的守则。茶文化的"敬"含有敬重、尊敬、敬畏、敬爱之情。一是人对自然、对规律的敬畏之心；二是人与人之间互相敬重、互怀敬意、相敬如宾的友好关系；三是人所应该具有的敬祖尊老的恭敬之情。

三、"清"是中国茶文化思想的初心

清，来自茶的自然本性，暗示清明、俭德、淡泊、清廉、清正、清平、清心、清静之意，是中国茶文化思想的初心和出发点。一是清茶一杯，两袖清风，清正廉洁，拥有清静心；二是淡泊、清心，持有平常心；三是俭朴、勤劳、清平，不忘初心。

四、"美"是中国茶文化思想的升华

茶文化是中国古典美学的重要组成部分，有着悠久的文化沉淀，更是融合了儒、释、道三家的美学思想。茶文化的"美"是天、地、人哲学境界上的共同升华，主要体现在自然、淡泊、简约、含蓄之美中。首先是自然之美。天然不经雕饰，率真朴素。其次是淡泊之美。不追逐名利，淡泊明志，怡然自得。再次是简约之美。简朴平易，领悟人生真谛。最后是含蓄之美。"此时无声胜有声"的美妙。

五、"真"是中国茶文化思想的终极追求

"其精甚真，其中有信"。茶文化的"真"含有本原、本真、真实、真切、精行悟真、返璞归真之义。一是指追求人的本性，事物的本原；二是指"精行"求真，精益求精，"精行"后才能"俭德"；三是指精诚之至，真心实意。用真水泡真茶，还要用真心、真意、真情，才能求得茶的真味。以茶修身，以静养德，追求本真。

🫖 任务考核·理论考核

1.（单选题）（　　）的茶主要以药用和食用为主。

A.秦汉时期　　　　　B.唐宋时期　　　　　C.明清时期　　　　　D.鸦片战争后

2.（单选题）茶文化起源于（　　），盛行于世界。

A.中国　　　　　　　B.美国　　　　　　　C.英国　　　　　　　D.法国

3.（单选题）秦汉魏晋南北朝时期饮茶的主要方式是（　　）。

A.煎茶法　　　　　　B.粥茶法　　　　　　C.点茶法　　　　　　D.撮泡法

4.（单选题）"茶"字从（　　）被确定使用，开始成为茶的通用名称，沿用至今。

A.秦汉　　　　　　　B.魏晋　　　　　　　C.唐代　　　　　　　D.宋代

5.（单选题）中国茶文化经历不同成长阶段，（　　）属于茶文化的兴盛阶段。

A.秦汉时期　　　　　B.魏晋时期　　　　　C.唐代　　　　　　　D.宋代

6.（多选题）以下（　　）是中华茶文化的精神内核。

A.和　　　　　B.敬　　　　　C.清　　　　　D.美　　　　　E.真

7.（多选题）以下（　　）是魏晋南北朝时期茶文化的代表作品。

A.张载的《登成都楼》　　　　　　　B.左思的《娇女诗》

C.杜育的《荈赋》　　　　　　　　　D.陆羽的《茶经》

8.（多选题）以下（　　）属于明清时期的茶文化内容。

A.废除贡茶龙凤团茶　　　　　　　　B.六大茶类制茶工艺悉数成熟

C.茶税开征与茶马贸易的开启　　　　D.开创茶宴的先河

9.（多选题）从饮茶角度看，我国饮茶范围从西汉的巴蜀，逐渐向（　　）广大地区传播。

A.中原　　　　　　　B.华东　　　　　　　C.华南　　　　　　　D.东北

10.（多选题）中国茶文化向欧洲地区传播的主要国家包括（　　）。

A.葡萄牙　　　　　　B.意大利　　　　　　C.荷兰　　　　　　　D.法国

11.（判断题）中国古代茶文化始于秦汉，兴于唐宋，西汉著名外交家张骞出使西域，开辟了陆上丝绸之路，促进了中国茶文化的对外交流与传播。　　　　　（　）

12.（判断题）我国青藏高原一带是世界上最早发现野生大茶树和现存野生大茶树最多、最集中的地区，被称为"茶的原产地"。　　　　　　　　　　　　（　）

13.（判断题）进入21世纪以来，茶文化迈入创新发展的提升阶段，成为一种时尚生活方式，一种消费经济文化，一种创意文化产业。　　　　　　　　　（　）

14.（判断题）西晋文人杜育的《荈赋》，在茶文化形成史上具有开创价值，是中国茶文化形成的标志性文学作品。　　　　　　　　　　　　　　　　　　（　）

15.（判断题）荷兰在古代的航海技术先进，因此中国茶传入欧洲地区最早是由荷兰的海上贸易，从中国澳门将茶叶运送到欧洲，然后以荷兰为中心先后向意大利、葡萄牙、英国、德国、法国等国家传播。　　　　　　　　　　　　　　　　　　（　）

【答案】

	1.A	2.A	3.B	4.C	5.D
6.ABCDE	7.ABC	8.AB	9.ABC	10.ABCD	
	11.√	12.×	13.√	14.×	15.√

🫖任务考核·实操考核

表1-5 饮茶方式演变实训要求

实训场景	饮茶方式演变实训。
实训准备	●老师提前给学生发布饮茶方式实训任务，要求学生提前做好准备。 ●老师印制评分表，分发给全班同学。 ●制作小卡片，上面分别印制"秦汉魏晋南北朝""唐代""宋代""明清时期"等字样。
角色扮演	●两人一组，其中一人扮演汇报者，另一人扮演倾听者。 ●完成一轮考核后，互换角色，再次进行。
实训规则与要求	●学生1（汇报者）：随机抽取卡片，并根据抽取结果，说出该时期的主要饮茶方式和饮用特点等。 ●学生2（倾听者）：根据学生1的抽取结果，对其进行该时期饮茶方式、茶饮用的基本操作步骤等知识的考查。 ●拍摄成视频，同学进行互评。
模拟实训评分	见表1-6。

表1-6 饮茶方式演变实训评分表

序号	项目	评分标准	分值	得分
		职业素养项目（30分）		
1	仪容仪表	精神饱满（3分），表情自然（3分），具有亲和力（4分）。	10	
2		形象自然优雅，妆容着装得体自然（5分）；无多余小动作（5分）。	10	
3		口齿清楚，语调自然（5分）；语速适中，节奏合理，表达自然流畅（5分）。	10	
		汇报项目（70分）		
4	饮茶方式实训汇报	所选历史时期的茶文化发展总体情况(10分)及典型事件(5分)。	15	
5		所选历史时期的饮茶方式（5分），概述其饮茶特点（10分）。	15	
6		所选历史时期饮用的茶叶类型（10分），说明茶饮用的基本操作步骤（10分）。	20	
7		简述所选历史时期的饮茶方式与其他时期的差异（10分）。	10	
8		语言表达：逻辑性强，表达思路清晰（5分）；表达流畅、简洁，无多余废话和口头语（5分）。	10	
		总分（满分为100分）		
教师评价				

任务 **2**
茶事艺文

思维导图

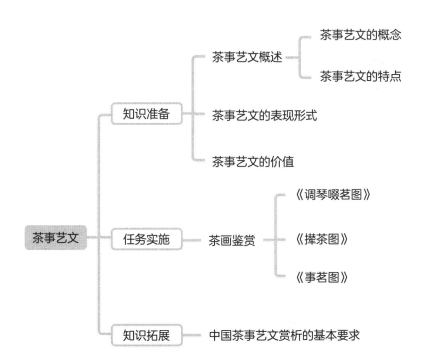

```
                                        ┌─ 茶事艺文的概念
                          ┌─ 茶事艺文概述 ┤
                          │             └─ 茶事艺文的特点
              ┌─ 知识准备 ─┼─ 茶事艺文的表现形式
              │           │
              │           └─ 茶事艺文的价值
              │
              │                        ┌─《调琴啜茗图》
  茶事艺文 ─────┼─ 任务实施 ── 茶画鉴赏 ──┼─《撵茶图》
              │                        └─《事茗图》
              │
              └─ 知识拓展 ── 中国茶事艺文赏析的基本要求
```

学习目标

1.知识目标:了解茶事艺文的价值、具体表现形式及其特点。

2.技能目标:阐述如何鉴赏茶事艺文作品,并能独立赏析与茶有关的绘画及诗词作品。

3.思政目标:热爱中国茶事艺文,感受茶诗书画的艺术魅力,树立学习榜样。

🫖 知识准备

一、茶文化概述

（一）茶事艺文的概念

茶文化的发展，与历代文学家和艺术家的参与密不可分。单纯的茶叶生产和单一的品饮功能，并不能构成茶文化，只有赋予茶以审美上的意义，将茶饮从解渴疗疾的日常生活层面上升至精神寄托的高度，茶文化才能得以产生和发展。

茶事艺文是反映和表现茶文化的艺术文学作品的总和，其主要表现形式有书法、绘画、金石篆刻、诗文、歌舞、戏曲等。从流传的作品看，茶事艺文的内容具有很强的广泛性和包容性，既包括茶的历史、人物、事件、制度、风俗，以及由茶饮而产生的精神内涵，又包括茶树品种、种植、采制、茶类以及品饮方式等在内的与自然科学相关的内容。

茶事艺文是历代文人、艺术家们不断努力的结果和见证。茶事艺文的作者身份多样，包括官员、诗人、画家、作家、隐士、僧人乃至工匠，同样的茶、同样的饮法，在他们的作品中出现的形象却是千姿百态、各臻其妙。

（二）茶的发现

1.具象性

具象是艺术创作过程中活跃在作家、艺术家头脑中的基本形象，也是事物外在形态的具体呈现，是艺术作品的特点之一。如茶事绘画作品，对茶事的描绘有具体对象，让读者对作品所表达的对象和内容一目了然。具象性具有直观、明了的特点，在记录茶事中的器物、人物、活动等内容时，具有很好的参考价值，如茶事绘画中的佚名《宫乐图》、刘松年《斗茶图》、文徵明《惠山茶会图》等。

2.形象性

形象性，是指能引起人的思想或情感活动的具体形态或姿态。文学以语言为手段而形成的艺术形象，是文学反映现实生活的一种特殊形态，也是作家的美学观念在文学作品中的创造性体现。茶事艺文的形象性，会通过特定的艺术形式使欣赏者产生特殊的想象，如钱起的《与赵莒茶宴》、卢仝的《走笔谢孟谏议寄新茶》等诗歌。

3.丰富性

茶事艺文涉及的艺术门类很多，每种艺术中，又有多种表现手法。因此，茶事艺文的形式丰富多样，如绘画中有工笔、写意、兼工带写等，书法中有真、草、隶、篆、行五体书，诗词中有古诗、律诗、自由诗，歌舞戏曲中有民歌、采茶戏、话剧等。每个艺术门类的各种表现手法所呈现的作品风格也异彩纷呈，具有极高的审美价值。

二、茶事艺文的表现形式

(一)书画

1.书法

书法是一种以文字形式传递信息和美感的书写艺术。汉字的书写自甲骨、金石文起，就包含了技法、审美等书法艺术的要素。茶与书法的联系更多是体现在本质的相似性，即以不同的形式，表现出共同的审美理想、审美趣味和艺术特性。书法作品往往用纸张的不同开幅来称呼，比较常见的有尺牍、条幅、中堂、对联等八种（见表2-1）。

表2-1 茶事书法艺术的表现形式

表现形式	主要特点	代表作品
尺牍	●古人对信件、便条的称呼。篇幅短小，语句精炼而通俗，内容贴近生活。	唐·怀素《苦笋帖》；宋·苏东坡《新岁展庆帖》；宋·蔡襄《精茶帖》等。
条幅	●开幅狭长竖式的书法形式，比较常见，多悬挂于厅堂、书房墙壁。	清·金农《采英于山，著经于羽；舛烈馥芳，涤清神宇》。
中堂	●开幅较大，且多为长方形，因悬挂于客厅的中堂而得名。内容以长篇诗文为常见。	清·金农《玉川子嗜茶帖》；清·汪士慎《幼孚斋中试泾县茶》。
对联	●由上、下联组成，文字内容要求对仗，音律要求平仄合辙。多用于中堂两边和亭台楼阁的柱子上。	清·郑板桥《墨兰数枝宣德纸，苦茗一杯成化窑》。
横批	●相当于条幅横置，也称"匾额"。多用于斋室、楼阁、亭榭等的名号。	清·吴昌硕《角茶轩》。
长卷	●横披形式的延伸，较长，宜于横向舒卷，便于书写和携带，以写多字数作品为常见。	明·文彭《卢仝饮茶诗》。
册页	●相当于折叠式的长卷，合为书籍形，拉开则如长卷，便于书写和携带。	宋·蔡襄《即惠山泉煮茶》。
扇面	●在扇子形状的面上书写，可分为折扇和团扇两类。	明·文彭《行书扇面》。

2.绘画

茶与绘画的关系既简单又微妙，画与象形文字有关，而茶能催发人的灵感，因此，有关茶的画作很多。茶入画后可以提升画的意境，而通过画的衬托又可以使茶更添加几分雅致。以题材分类来看，主要可分为山水、花鸟和人物等三种。具体内容见表2-2。（图见第02页"茶事绘画的主要题材"图①—③）

表 2-2 茶事绘画的主要题材

主要题材	基本内容	代表作品
山水	●表现饮茶环境和饮茶情志的茶事绘画作品大多以山水为主，有的虽以人物命名，但却仍以清远山水烘托一种幽静的氛围，有时比较曲折地反映作者对饮茶生活的理解，追求"天人合一"的艺术境界。	元·赵原《陆羽烹茶图》
花鸟	●花鸟类绘画作品多以花鸟、茶具、茶点、文房四宝等为题材，表现饮茶的高雅之气和饮茶中的生活情趣，或彰显特殊的生活方式，或凸显居住环境的华美富丽。以条幅、册页、扇面为常见。	清·吴昌硕《品茗图》
人物	●人物画是茶事绘画中较多的一类，历史上的茶事绘画作品多表现文人和仕女的饮茶场景，也有展示宫廷饮茶生活，或讲述某个传说或故事的。宋代人物画在格调上追求文气和抒情，在形式上以水墨消解重彩，有的茶事绘画以壁画或漫画形式出现。	宋·赵佶《文会图》

(二)文学

1.诗词

诗词是指以古体诗、近体诗和格律词为代表的中国古代传统诗歌。茶事诗词是按照一定的韵律要求，用凝练的语言、充沛的情感以及丰富的意象来表现茶人的精神世界和社会生活的艺术。茶诗词在茶事文学中所占的比例很大，上自晋唐，下至当代，源源不断。从作者分布看，从皇帝高官至平民百姓，从文人墨客到武士将军，遍布各阶层；从写作体裁看，有古诗、律诗、绝句、长短句、联句及其他如杂体诗类；从涉及内容看，几乎涵盖茶的所有方面，如种茶、采茶、名茶、茶人、茶具、饮茶、茶的功效、茶的历史、茶的传说等。

(1)《茶》

茶

香叶，嫩芽。

慕诗客，爱僧家。

碾雕白玉，罗织红纱。

铫煎黄蕊色，碗转曲尘花。

夜后邀陪明月，晨前命对朝霞。

洗尽古今人不倦，将知醉后岂堪夸！

《茶》是唐朝诗人元稹所作，是中国文学史上最有名的"宝塔体"茶诗。

元稹与白居易为挚友，常常以诗唱和，人称"元白"。此诗是白居易以太子宾客的名义去洛阳，元稹等人在兴化亭送别时，白居易以"诗"为题赋诗一首后，元稹也以同题诗相和。当时白居易心情较为低落，临别之际元稹咏诗劝慰，表达真挚友情。

（2）《答族侄僧中孚赠玉泉仙人掌茶》

> 常闻玉泉山，山洞多乳窟。
> 仙鼠如白鸦，倒悬清溪月。
> 茗生此中石，玉泉流不歇。
> 根柯洒芳津，采服润肌骨。
> 丛老卷绿叶，枝枝相接连。
> 曝成仙人掌，似拍洪崖肩。
> 举世未见之，其名定谁传。
> 宗英乃禅伯，投赠有佳篇。
> 清镜烛无盐，顾惭西子妍。
> 朝坐有余兴，长吟播诸天。

唐朝李白的一首咏茶名作，字里行间无不赞美饮茶之妙，为历代咏茶者赞赏不已。

李白，我国伟大的浪漫主义诗人。在游历金陵时，与他的族侄中孚禅师相遇，蒙其赠诗与玉泉寺茶，李白以此诗为谢。全诗采用白描的手法，对仙人掌茶的生长环境、品质和神奇功效等作了细腻描述，风格雄奇豪放，是名茶入诗的最早诗篇，也是研究唐代茶叶历史的重要资料。

（3）《走笔谢孟谏议寄新茶》

> 一碗喉吻润，两碗破孤闷。
> 三碗搜枯肠，惟有文字五千卷。
> 四碗发轻汗，平生不平事，尽向毛孔散。
> 五碗肌骨清，六碗通仙灵。
> 七碗吃不得也，唯觉两腋习习清风生。
> 蓬莱山，在何处？玉川子，乘此清风欲归去。
> 山上群仙司下土，地位清高隔风雨。
> 安得知百万亿苍生命，堕在颠崖受辛苦！
> 便为谏议问苍生，到头还得苏息否？

唐朝卢仝的代表诗作。从品茶艺术的角度看，卢仝在诗中所描写的"一碗"至"七碗"的境界，把饮茶从"喉吻润"（解渴）、"破孤闷"（去烦）到心境逐渐空灵、渐入佳境，最后飘逸欲仙，进入"道"的境界的深切感受一一展开。此诗拓展了饮茶文化的精神世界，对后世饮茶诗词的创作产生了深远影响，被传为千古绝唱，因此后人称卢仝为茶之"亚圣"。

（4）《汲江煎茶》

> 活水还须活火烹，自临钓石取深清。
> 大瓢贮月归春瓮，小杓分江入夜瓶。
> 雪乳已翻煎处脚，松风忽作泻时声。
> 枯肠未易禁三碗，坐听荒城长短更。

宋代苏轼的代表茶诗之一。在艰难困苦的海南岛，苏轼的日子异常艰难，吃穿住行几乎都成了问题，但是生性豁达、豪迈乐观的苏轼，不惧老迈的身躯，偏要到清深江水中取活水，并亲自生火烹茶。边境月夜，自取江水煎茶，独自品茗，荒寞的意境，凄凉的心境，诗篇却充满作者的浪漫之思、豪放之情、瑰丽之想。

2.专著

我国对茶的研究有着悠久的历史,不仅为人类提供了有关茶种植生产的科学技术,也留下了很多记录茶文化的书籍和文献,其中包括大量关于茶史、茶事、茶人、茶叶生产技术、茶具等内容的专著。如唐代陆羽的《茶经》、宋代蔡襄的《茶录》、宋代赵佶的《大观茶论》、明代许次纾的《茶疏》等。这些茶书专著从不同角度,比较全面、客观地反映了我国历代茶的相关知识,保留了许多珍贵的茶史资料。其中,《茶经》是我国古代茶文化史上一部划时代的巨著,也是世界上第一部关于茶的专著,在茶文化史上占有很重要的地位。《茶经》的出现,标志着中国传统茶学体系的初步构成与形成。

（三）歌舞戏曲

茶的歌舞源于民间,最早应直接起源于劳动,有两种形式:一是茶歌,在云南、巴蜀、湘鄂一带少数民族中最为流行。如在湘西,未婚男女以"踏茶歌"的形式举行订婚仪式;江西、福建、浙江、湖北、四川等地则或有诸如"采茶调"等的歌曲曲调,以茶为题材,歌唱地方的民情民风,或有以"采茶歌""采茶舞""采茶灯"为名的地方歌舞。在广西,又有被称为"壮采茶"和"唱采舞"的表演形式,歌舞并举,主要表现茶园的劳动生活。有些民族盛行的盘舞、打歌,往往也以敬茶和饮茶为内容,如彝族打歌,当客人光临并坐下后,主办打歌的村子或家庭老少就会在大锣和唢呐的伴奏下,恭恭敬敬地手端茶盘或酒盘,边舞边走,把茶、酒献给客人,然后再边舞边退。

随着茶文化的深入普及,各地涌现出不少与茶相关的优秀歌舞戏剧作品。如广东"粤北采茶戏"、江西"赣南采茶戏"、广西"桂南采茶戏"等,都被列入国家级非物质文化遗产名录。中国是世界上唯一以茶事命名剧种的国家。

（四）影视

1.电影

据《中国茶经》记载,在中国电影处于黑白无声片的"襁褓阶段",我国采茶人就已走进银幕,并成为电影的主角。1924年,由朱瘦菊编剧、徐琥导演、王谢燕和杨耐梅等主演的《采茶女》,正是一部与茶文化有关的早期影片。常被提及的除话剧和电影如《茶馆》和《喜鹊岭茶歌》以外,影响较大的茶文化故事影片还有《第一茶庄》《不堪回首》《春秋茶室》《茶色生香》《行运茶餐厅》《大马帮》《茶马古道》《菊花茶》《茶是故乡浓》以及《大碗茶》等十几部。

2.电视

电视包括电视剧和电视专题片,对茶文化的传播、宣传比电影的影响力更大,影响范围更广,反映茶文化的内容更加全面。全国各地电视台曾先后推出了多部大型茶文化系列专题片,以茶为主题的电视剧及与茶相关的电视作品,如大型纪录片《茶叶之路》《茶,一片树叶的故事》等，向全世界呈现茶的悠久历史和文化魅力。

三、茶事艺文的价值

　　每一件茶事艺文作品，都体现着一种特定的文化心理，包含着一种特定的文化意蕴，既是历代茶文化的成果，也是现代茶文化继续发展的参照和起点。茶事艺文作品的整体犹如一座信息库，有纵向的，也有横向的；有单一的，也有综合的。在纵向方面，可以检索出中国茶文化的嬗变轨迹；从横向方面，可以博览茶文化丰富的形式及其所包含的内容。可以说，茶事艺文是中国茶文化的主要载体和表现形式。

　　作为茶学文献中的一类重要内容，茶事艺文具有丰富的信息量和深厚的历史性，无论是在科技还是文化方面，均具有特别的地位，值得深入探索和开发。综合看，茶事艺文主要具有历史价值、技术价值、人文价值和审美价值等4个方面的价值（见表2-3）。

表2-3　茶事艺文的价值

主要价值	茶事艺文的价值解读
历史价值	●史料性：能提供研究茶文化历史的相关材料。如宋代审安老人所著的《茶具图赞》呈现出在当时社会文化背景下，文人对茶具的审视角度和茶具使用组合。
	●借鉴性：中国茶文化历史悠久，在这条历史长河中，社会的每一个波动或转折，往往都会促使标志性的作品出现，其中不少作品便是以茶事艺文的形式存在的。如晋代杜育的《荈赋》，是中国茶叶史上第一篇完整地记载了茶叶从种植到品饮全过程的文学作品，其中有关茶的生长、采摘和煮饮的内容都值得研究和借鉴。
技术价值	●参考性：茶事艺文以不同的语言、不同的形式，帮助人们理解在纯文字的理论著作中一些"语焉不详"的重要内容，可以补充在专著中没有或者无法记载的技术信息。如李白的《答族侄僧中孚赠玉泉仙人掌茶并序》茶诗，是唐代历史名茶"仙人掌茶"的唯一参考，结合文献，可恢复仙人掌茶的制作工艺。
	●开发性：茶事艺文对文创产品的研制具有特别的价值。如根据历代有关图谱、绘画作品等，可以很直观地研发出相关产品；通过对历代的饮茶图和有关唐诗宋词的解读，可以创造或恢复具有中华民族传统特色的品茶艺术。
人文价值	●参照性：茶事艺文能体现出当时茶文化的社会背景、经济动态和存在方式，帮助我们进入"时光隧道"，理解茶饮在不同历史时期的人文意义，有利于我们汲取传统文化的精华。
	●启发性：茶事艺文作品中，有许多线索可以作为我们思考和探索的路径。如茶饮从生活之饮食走向文化之饮品、茶叶的质量鉴评与品饮艺术的关联、茶艺的广泛性与专精性的关系，以及品茶与人文素质的提升等。

（续表）

主要价值	茶事艺文的价值解读
审美价值	●鉴赏性：茶事艺文中的艺术信息往往有着很高的审美价值。审美价值的判断中，鉴赏是必经之路。茶事艺文中包含的艺术创作手法、艺术形式、艺术语言和艺术境界等信息，都具有鉴赏价值。通过鉴赏，人们可提高在茶艺方面的创作水平和审美水平。
	●愉悦性：茶事艺文在整个艺术领域里的地位及审美价值具有专业上的独特性。通过欣赏茶事艺文作品，可感受茶的色、香、味、形等多样性的美，可从真、善、美的角度愉悦身心，再将茶事艺文的美感延伸为更有意义的美育。

任务引入

某地举办的画展中，展出了许多与茶相关的历代书画作品，学生A和学生B一同前往参观，觉得非常精彩。

学生A：这幅画叫《惠山茶会图》（图见第02页"茶事绘画的主要题材"图④），看起来很有故事感哦，我很喜欢！

学生B：是谁画的？

学生A：作者叫文徵明。

学生B：是哪个朝代的？

学生A：我不太确定。

学生B：画面上看，好像是在一片山林中，有人在煮茶，有人在谈话，他们是在举办什么活动吗？

学生A：不太清楚，哈哈，我们到底应该如何欣赏这幅画呢？

任务分析

本案例中，同学A和同学B参观画展，就茶画《惠山茶会图》展开议论。

绘画艺术最大的特点是有较强的具象性，有较为明确的形象感，是茶事艺文的重要组成部分。中国传统绘画中最主要者为中国画，简称国画。其种类按表现形式分有白描、工笔、写意等；按内容分有花鸟、山水、人物、博古、蔬果等；按载体材质分有壁画、瓷画、屏风画等；按画面开幅分，也如书法一样，有扇面、长卷、中堂、立轴、条屏、册页等。不论哪种茶画，根据绘画内容来看，主要可分为山水、花鸟和人物等，其中花鸟画涵盖的范围比较大，博古、静物等也都可以归入其中。

《惠山茶会图》属于典型的山水画，是明代文徵明的代表作品。画中内容是清明时节，文徵明与蔡羽、汤珍等七位好友游玩惠山，在惠泉亭下以茶会友的一段雅事。画中所绘人物神形各异，有的坐于泉井边谈兴正浓，有的正从松下曲径缓缓踱来，惠泉亭边早已置有汤瓶香茗,桌边有一人双手作揖,正在迎接友人的到来,应是此次活动的东道主。画面上只有待用的茶具和正准备集会的人物,而未画品茶的动作,是一幅茶会之前的序幕图,具有较强的情境纪实性。文徵明在画中凸显文士雅集山林之乐,也是仰古人之逸趣,体现出远离尘俗纷扰、寄情林壑的自在心境。

任务实施

不同时期的茶事艺文创作者,将不同社会生活状态中的茶事场景艺术化,并在艺术创作过程中,自觉或不自觉地把茶融入历代文化潮流中。茶事绘画,更是具有明显的文化内涵、时代特征和艺术气息。鉴赏茶事绘画,一般可从作者与背景、画面与人物、创作技法、文化影响与感受等4个方面进行。具体内容见表2-4。(图见第03页"茶画鉴赏要点")

表2-4 茶画鉴赏要点

作品名称	茶画鉴赏要点
《调琴啜茗图》	●作者与背景: 周昉,唐代中期重要的人物画家,尤其擅长画仕女人物。
	●画面与人物: 画面描绘了唐代宫廷妃嫔品茗听琴的悠闲华贵生活。画中五人,由人物姿态即可见为三主两仆,有一人抚琴,两人倾听,倾听者中一女身着红装,执盏品茗,注目抚琴之人,另一人侧首遥视。在抚琴仕女和侧首仕女旁各有一女仆侍茶。
	●文化影响与感受: 全图以"调琴"为重点,人物的神态无不以此为专注焦点。但是,由于重要人物(红衣女)手执茶盏,作边品茗、边听琴状,所以,茶饮在画面中也非常引人注目。人物衣着色彩明丽,丰腴华贵,显示出唐人"以丰厚为体"的审美趣味。饮茶与听琴,两个不同的内容集于同一画面,生动地体现了茶饮在唐朝文化娱乐生活中已有了相当重要的地位。
《撵茶图》	●作者与背景: 刘松年,南宋宫廷画家。擅画山水,笔墨精严,着色妍丽,界画工整;兼精人物,神情生动,衣褶清劲。
	●画面与人物: 画面有五个人。画的左侧有一个碾工坐在矮几上,转动碾磨。另一个人站在桌边,一手执汤瓶,正在往茶瓯中注沸水,茶瓯旁是点茶用的茶筅,另一只手持着茶盏,桌上还有其他茶具,如茶罐、盏托等。桌旁火炉正在煮水。画面的右侧是一幅截然不同的场面,有三人,一僧伏案作书,一人相对而坐,另一人坐在旁边,双手展卷,而眼神却在欣赏僧人作书。
	●文化影响与感受: 描绘了一幅碾茶、点茶、挥翰、赏画的文人雅士茶会场景,真实再现宋代点茶的部分技艺。画面左边的煮茶是劳役之作,与右边的文人生活,显然是两个截然不同的领域,表达茶与文人生活须臾不离的时代特征,具有既生动又不俗气的艺术美感。

（续表）

作品名称	茶画鉴赏要点
《事茗图》	●作者与背景：唐寅，字伯虎，明代画家，是吴门画派的代表人物，与沈周、文徵明、仇英并称明代四大家（"吴门四家"）。
	●画面与人物：青山环抱，林木苍翠，画面左侧有巨石山崖，后设茅屋数间于双松之下，远处为群山耸立，瀑布飞泉，流水由远及近，绕屋而行。溪桥上有一人携童子前来。茅屋中有一人正聚精会神倚案读书，书案一头摆着茶壶、茶盏等诸多茶具，靠墙处书画满架，隔间里屋有童子烹茶。
	●文化影响与感受：此画是山水人物画，以"陈子事茗"为题材，反映了明代文人悠闲惬意、以茶悟道的庭院书斋生活。画卷上人物神态生动，环境优雅，表现了主客之间的亲密关系。图中人物动静相宜，画面层次分明，意境悠闲，诗画相称，表现明代文人雅士借烹茗追求一种闲适隐归的生活，多少流露出作者遁迹山林的志趣。

📖 知识拓展

中国茶事艺文赏析的基本要求

茶事艺文的欣赏与一般的艺术欣赏有共同点，也有其特殊性。共同点是，作为艺术作品，茶事艺文具有一般的艺术作品的性质，如作品的结构、章法、表现手法、主题、意境等。不同的是，茶事艺文的内容具有特定性，即表现的内容或多或少都与茶有关，题材有其独特性。无论采取何种艺术形式，茶事艺文都以不同方式不同程度地表现了"茶"的主题。因此，欣赏茶事艺文首先要具备以下一些基本条件。

一、了解茶事艺文的历史脉络

欣赏茶事艺文，首先要具备历史的观点，才有利于准确地切入茶事的历史定位，鉴别茶事艺文的历史价值。如历代茶的制作工艺演变、主流饮茶方式、茶具组合变化、主要茶事代表人物、有影响的著作及其作者等。茶文化与茶业的发展基本同步，但是所包含的内容不一样。茶业着重于生产技术和产品层面，茶文化则着重于饮茶方式、审美思想和精神层面。同时，茶文化的发展离不开中华民族文化的大发展背景。因此，了解茶文化的发展轨迹，在一定程度上也是了解中华文化的发展脉络。

二、理解茶事艺文的文化地位

（一）作者背景

茶事艺文的作者是作品的创作人，其生活地域、生活经历、家庭和社会关系、所处时代以及创作思想、创作动机和创作手法都是影响作品创作的因素。因此,对作者了解得越深入、越全面,对作品的思想性和艺术性的理解也会越准确、越深刻。

(二)创作背景

创作背景是比较直接地影响作品创作的因素,也是一件作品产生的驱动力。茶事艺文作品的内容和表现手法会直接或间接地反映创作背景。了解创作背景后,可以把作品还原于真实的场景中,准确定位作品的艺术信息及相互联系,有助于对作品意义的解读。

(三)文化影响

茶事艺文所表现的内容,反映了作者在当时的社会、经济、政治背景下的思想,和对茶的审美认知,其作品的文化影响力有多大,直接体现了其作品的价值。在鉴赏某件茶事艺文作品时,要尊重或借鉴前人已有的研究成果。

三、把握茶事艺文的艺术表现

把握茶文化的民族性和艺术表现形式,是赏析茶事艺文的基本素养,即感悟茶事的民族性特征,理解茶事艺文作者的文化情操,把握通俗与高雅、写实与写意的关系,特别是对中国传统艺术中的关于神形、气韵、骨肉、残全、虚实等的理解。茶事艺文的艺术表现手法与艺术门类、艺术表现形式密切相关,虽然各具特点,但也有共同性。其艺术表现手法是非常丰富的,如文学中的托物言志、借景抒情、虚实结合、欲扬先抑等;如中国传统绘画创作中的疏可走马、密不透风等;如书法中的计白当黑、徐疾相间等。通过鉴赏茶事艺文的艺术表现手法,理解作者的个性和表达的主题思想,可把握作品的意境和高度,引起广泛的联想和共鸣。

四、梳理茶事艺文的思想表达

独立思考与准确表达是欣赏茶事艺文作品的基本要求。在欣赏作品时,要把个人思想融入作品中,感受作者的艺术创作带来的意境,才能有自己的创造性收获。同时,要把欣赏茶事艺文的过程进行梳理与反思,并把个人感受用文字或语言表达出来,不断地进行修正和提高,才能加深对作品的理解,为更好地传播中国茶文化打好基础。

任务考核·理论考核

1.（单选题）宝塔诗《茶》的作者是（　　）。

A.唐·元稹　　　　　　　　　　　B.北宋·欧阳修

C.唐·李白　　　　　　　　　　　D.北宋·苏轼

2.（单选题）（　　）相当于古人的信件、便条，篇幅形式短小，语句精炼通俗，内容贴近生活。

A.对联　　　　　B.中堂　　　　　C.尺牍　　　　　D.册

3.（单选题）《撵茶图》的作者是（　　）。

A.唐寅　　　　　B.刘松年　　　　C.阎立本　　　　D.苏轼

4.（单选题）以下（　　）属于茶事绘画的人物题材。

A.赵佶的《文会图》　　　　　　　B.赵原的《陆羽烹茶图》

C.吴昌硕的《品茗图》　　　　　　D.文徵明《惠山茶会图》

5.（单选题）（　　）因为创作一首传为千古绝唱的茶诗，被后人称为茶之"亚圣"。

A. 欧阳修　　　　B.李白　　　　　C.陆游　　　　　D.卢仝

6.（多选题）茶事艺文的价值主要体现在（　　）。

A.历史价值　　　B.技术价值　　　C.人文价值　　　D.审美价值

7.（多选题）茶事艺文在表现形式上具有（　　）的特征。

A.具象性　　　　B.形象性　　　　C.丰富性　　　　D.主观性

8.（多选题）进行茶事艺文赏析要注意（　　）。

A.了解茶事艺文的历史脉络　　　　B.理解茶事艺文的文化地位

C.把握茶事艺文的艺术表现　　　　D.梳理茶事艺文的思想表达

9.（多选题）茶事绘画艺术从题材分类角度，可以分为（　　）。

A.山水　　　　　B.人物　　　　　C.花鸟　　　　　D.器具

10.（多选题）以下（　　）茶诗的作者为唐代人。

A.《走笔谢孟谏议寄新茶》　　　　　B.《答族侄僧中孚赠玉泉仙人掌茶》

C.《观采茶作歌》　　　　　　　　　D.《汲江煎茶》

11.（判断题）《调琴啜茗图》由唐朝著名画家周昉所作，描绘了贵族妇女们日常生活的闲适状态，生动地体现了茶饮在唐朝文化娱乐生活中已有相当重要的地位。　　（　　）

12.（判断题）《惠山茶会图》属于典型的山水画，是唐代文徵明的代表作品。（　　）

13.（判断题）中国最早的涉及茶题材的影视片是1924年上映的《采茶女》。（　　）

14.（判断题）茶事艺文就是历代文人、艺术家们不断努力的结果和见证，茶事艺文作者的身份多样，包括官员、诗人、画家、作家、隐士、僧人乃至工匠。　　（　　）

15.（判断题）《茶经》是我国古代茶文化史上一部划时代的巨著，也是世界上第一部关于茶的专著，在茶文化史上占有很重要的地位。　　　　　　　　　　（　　）

【答案】

1.A　2.C　3.B　4.A　5.D

6.ABCD　7.ABC　8.ABCD　9.ABC　10.AB

11.√　12.×　13.×　14.√　15.√

任务考核·实操考核

表 2-5　茶画鉴赏实训要求

实训场景	●茶画鉴赏实训。
实训准备	●老师提前给学生发布茶画鉴赏实训任务，要求学生提前做好准备。 ●组长抽取鉴赏茶画。 ●老师印制评分表，分发给全班同学。
角色扮演	●全班分为几个小组，4~5人一组。 ●各组分别完成本组所抽取的茶画鉴赏实训任务。
实训规则与要求	●各组完成一份茶画鉴赏文案，并进行课堂分享。
模拟实训评分	●见表2-6。

表 2-6　茶画鉴赏实训评分表

序号	项目	评分标准	分值	得分
职业素养项目（30分）				
1	仪容仪表	精神饱满（3分），表情自然（3分），具有亲和力（4分）。	10	
2		形象自然优雅，妆容着装得体自然（5分）；没有多余的小动作（5分）。	10	
3		口齿清楚，语调自然（5分）；语速适中，节奏合理，表达自然流畅（5分）。	10	
汇报项目（70分）				
4	茶画鉴赏实训汇报	能清晰地介绍作者基本情况（10分）及绘画的时代背景（10分）。	20	
5		能具体描绘画面的内容（10分）及画面人物的动作、表情和神态等（10分）。	20	
6		能围绕茶画内容分析对茶文化发展的影响（10分），能从茶画精神方面分析其文化影响或绘画表达的故事内容（10分）。	20	
7		简要谈谈对茶画的感受和认知（10分）。	10	
总分（满分为100分）				
教师评价				

任务 3
茶俗风情

思维导图

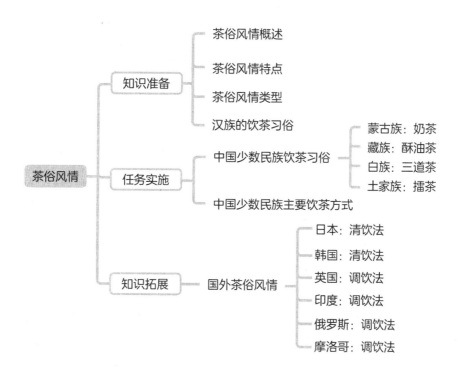

学习目标

1.知识目标：了解茶俗风情的含义、特点和类型，以及各民族的主要茶俗特点。

2.技能目标：阐述各民族的主要茶俗特点，掌握1~2种民族茶饮的制作方法。

3.思政目标：热爱中国茶文化，感受中华民族博大精深的茶俗文化，增强民族自信心。

🫖 知识准备

一、茶俗风情概述

茶俗风情是民间风俗的一种，是人们在长期的社会生活中形成的以茶为主题或以茶为媒体的风俗、习惯、礼仪，并不断演变、发展，世代相袭、自然积累。这些民俗风情，是茶的精神旨趣与生产生活、日常交际等的融合贯通，是中华民族传统文化的积淀，是茶文化的重要组成部分。

民族文化是不同民族在区域环境中形成的物质财富与精神财富的总和。茶在民族迁移中实现了民族融合及文化碰撞，逐渐成为中国的国饮，不同民族衍生出各具特色的饮茶习俗和文化。我国各民族在漫长的历史岁月中，由于风土人情、生活环境与生产条件、民族历史文化等因素，与茶结合的形式多姿多彩，形成了丰富多样并具有鲜明特色的民族茶俗文化，体现了中国茶文化资源的多元性。随着茶文化的不断发展，饮茶活动也变得更加生活化、习俗化、区域化、艺术化和多样化，人们在种茶、制茶、烹茶、品茶、饮茶等方面所形成的某种风俗，亦属于茶俗风情的范畴。随着社会的发展，茶俗风情在继承与传播中升华成为人类物质文明、精神文明的宝贵财富。

二、茶俗风情特点

1.地域性

地域性，指茶俗产生和存在于特定的区域和环境，是茶俗风情在空间上所呈现出来的基本特征。不同地方的特色茶俗，充分表现了茶饮的地域性，构成了中国丰富多彩的地域茶饮文化。各民族将茶融入当地民族传统生活中，形成了丰富多彩的饮茶习俗，例如北京的大碗茶、四川的长嘴壶、广东潮州的工夫茶、藏族的酥油茶、白族的三道茶、客家的擂茶、蒙古族的奶茶和傣族的竹筒茶等，都带有地域文化特色。

2.社会性

社会性，是指茶俗在一定的社会时期产生和发展，并带有深深的社会烙印。独树一帜的地方特色茶俗充满着生活的气息与生命的活力，在中国人的日常生活中，茶的陪伴有如柴米油盐般平凡，是用来喝、用来吃、用来交流情意的。无论是饮茶器具、制作原料、饮用方式等，都能体现茶俗最原生、最质朴的社会性。

3.多样性

多样性是中华民族茶俗的鲜明特征。我国地形地貌复杂，气候气象多样，生态系统多样，茶树品种多样，民族文化众多，民俗风情多样……自然和人文的多样性与茶的多样性相结合，构成了中华民族茶俗文化资源的多样性。如果把茶俗风情作为一个整体，从外部看，相对于中华民族的多元文化，它具有独特的个性特征；从内部看，它是由若干不同层次、不同特色的民族茶饮习俗组成的。

4.功能性

地方特色茶俗不仅仅是饮茶方式和泡茶艺术的简单呈现，还具备一定的社会文化功能。"客来敬茶"，热情真诚地以茶待客，是中华民族的优良品格，是我国社交礼仪的重要组成部分。在中国西北草原地区，民间流传着一句话："宁可三日无食，不可一日无茶"，茶被誉为"生命之饮"，茶饮具有了强身健体的重要价值。还有些地方由于原始的信仰等原因，形成了以茶祭祀、无茶不祭的风俗。

三、茶俗风情类型

由于民族文化、地域习俗、饮食习惯、宗教信仰等各不相同，我国不同地区的饮茶习俗千差万别，茶俗风情千姿百态。从茶俗内容看，可分为茶叶生产习俗、茶叶经营习俗、茶叶品饮习俗等；从茶俗功能看，可分为宗教茶俗、祭祀茶俗、社交茶俗、婚庆茶俗等（见表3-1）；从茶俗文化看，可分为日常饮茶习俗、客来敬茶习俗、婚礼用茶习俗、岁时饮茶习俗等；从用茶习俗看，可分为清饮、调饮、食用和药用等。

表 3-1　茶俗功能类型

茶俗类型	茶俗特点	典型例子
祭祀茶俗	●我国民间流传着茶祖的传说，并有茶祖崇拜的习俗。 ●以茶为祭的历史悠久，祭祀活动包括祭祖、祭神、祭仙、祭山等。 ●古人认为茶叶有洁净、干燥的作用。茶叶历来是吉祥之物，在丧葬习俗中，还成为重要的"信物"，"无茶不成俗，无茶不为敬"。以茶作为祭品，相传能驱妖除魔，消灾祛病，保佑子孙，使人丁兴旺。 ●祭品用茶的形式大致有三种：在茶碗、茶盏中注满茶水；不煮泡只放干茶；只置茶壶、茶盘作象征意义。	西双版纳傣族自治州、普洱市等地是云南重要的产茶区，当地民众普遍认为诸葛亮225年平定南中后在当地种植茶树，所以把他作为"茶祖"加以崇拜，称茶树为"孔明树"，茶山为"孔明山"，每年农历7月23日孔明诞辰日时举办"茶祖会"纪念诸葛亮。
宗教茶俗	茶叶与宗教结缘，儒教、道教、佛教均与茶有千丝万缕的关系。 ●儒家视茶为清净之物，认为茶有"清、香、甘、和、空、俭、时、仁、真"九德，出自深山幽谷，秉性高洁，不入俗流，寄托宁静素雅情怀。 ●道家以茶制药，认为饮茶不仅可养生、长寿，还能修身养性，视茶叶为"仙茶"。 ●佛教视茶为神物，认为它具有提神破睡之功效，久饮益思，可助人温和寂静。以茶斋戒、以茶参禅成为僧侣必不可少的修行悟道方式。	源于余杭径山寺的径山茶宴又称"径山茶礼""径山茶会"，是径山寺接待贵宾时的大堂茶会，自唐代法钦禅师在径山开山种茶起就逐渐形成，并融入僧堂生活和禅院清规，其仪式规程被严格规范下来，后流传至日本，成为日本茶道之源。

（续表）

茶俗类型	茶俗特点	典型例子
社交茶俗	●客来敬茶、以茶待客的礼俗是中国最普及的日常生活礼仪，而且也影响到周边如日本、韩国、蒙古、朝鲜、越南等国及部分西方国家。无论是日常待客、商业合作还是外交斡旋，均可以茶为媒。茶馆、茶楼更是老友相聚、叹茶、摆龙门阵、谈生意的好去处。	当有客来访，主人以茶相待，表示对客人的尊敬和礼貌。为客人奉茶时，当用双手，且茶杯不可以注满，以七分为宜，寓意"七分茶三分情"。
婚庆茶俗	●茶有纯洁、坚定和吉祥的寓意。古人认为茶只能种籽直播定植，移栽则难以成活，因此茶又称"不迁"，代表着爱情的坚贞不移；茶多籽，代表子孙繁盛、家庭幸福，吉祥如意。人们在恋爱、定亲、嫁娶时，始终把茶叶当作媒介和吉祥美满的灵物。以茶庆祝年节，以茶祈求平安，如"寿礼茶""满月茶""元宵茶""七夕茶""避邪茶"等习俗，都是以茶祈福的例子。	"三茶六礼"是中国江浙一带传统婚姻嫁娶过程中的一种习俗礼仪。其中的"三茶"，指定亲时的"下茶"、结婚时的"定茶"和同房时的"合茶"。

四、汉族的饮茶习俗

中国汉族分布广泛，喝茶历史悠久，各地根据茶叶产地、气候差异和饮食习惯，逐渐形成了不同的饮茶风格。从饮用茶品看，基本形成"东绿西黑南青北花"的品饮格局；从饮茶文化看，大致有"北京茶喝的是平民文化，潮汕茶喝的是茶道文化，成都茶喝的是休闲文化，杭州茶喝的是精致文化"的特色；从饮茶器具看，北方用盖碗，南方用工夫茶具，江南用玻璃杯，西南用土陶罐。品茶能品出地方文化，一杯茶包涵当地民俗风情。具体内容见表3-2。（图见第04页"汉族部分饮茶习俗"）

表3-2　汉族部分饮茶习俗

饮茶习俗	饮用特点
北京大碗茶	●流行地区：以北京为核心的北方地区城市街边茶摊、特色茶馆、公园茶亭等。 ●主要特点：茶摊的大碗茶多用大壶冲泡，大桶装茶，大碗畅饮，所使用的茶叶是北方人喜欢的花茶，价格低廉，亲民快捷；而在茶馆可选的茶叶种类繁多，可在茶馆中边品茶，边欣赏茶艺、京剧、变脸、话剧等表演，是一种高档的文化享受。 ●主要茶具：茶壶、茶碗。
四川长嘴壶	●流行地区：四川成都一带和沱江、长江、嘉陵江沿岸城市的茶馆。 ●主要特点：四川盛产茶叶，民谚有"扬子江中水，蒙山顶上茶"之说，茶馆遍及城乡。江岸茶馆地处河埠码头，茶客多为过往商贾旅客，行色匆匆，寻茶解渴，稍事休息，又要登程。茶馆老板和服务员想方设法快速冲水泡茶，

（续表）

饮茶习俗	饮用特点
	满足客人需要，于是长嘴壶应运而生。同时茶馆多卖绿茶、花茶，短时间冲泡即可饮用。成都人喝茶叫"摆龙门阵"，大树荫下，茶馆门前，都可以摆上桌子和长板凳，非常轻松惬意地喝茶。 ●主要茶具：长嘴壶、盖碗、大瓷壶、银勺、小茶碗、水方等。
江南青豆茶	●流行地区：江浙一带尤其是湖州南浔的地方传统茶饮。 ●主要特点：青豆茶，又称熏豆茶、烘青豆茶、芝麻茶、七味茶等，是我国江南地区既古老又时兴的一种民间饮茶习俗。太湖沿岸地区的许多农家还将青豆茶作为招待毛脚女婿首次登门的礼仪之一。主要以绿茶、烘青豆、盐渍橘皮、胡萝卜干、紫苏籽、芝麻、桂花等作为原料，用开水冲，片刻即可品饮。青豆茶五彩缤纷，口味微咸鲜香，先尝茶汤原汁，再吃茶里的青豆等，可解渴，可垫饥。 ●主要茶具：青花小碗或农家陶瓷小碗、赏茶碟、茶叶罐、配料缸、水盂、水壶、茶匙等。
潮汕工夫茶	●流行地区：广东潮汕地区。 ●主要特点：潮汕人种茶、制茶精细，烹茗技艺精湛，故称"工夫茶"。饮茶习俗贯穿于潮汕人日常生活、仪式和节庆活动，他们继承了我国古代茶事的美学理念和冲泡方法，选用特定材质的冲泡器具及其配套材料，按照独特考究的烹泡程式进行乌龙茶冲泡，具有"和、敬、精、乐"的精神内涵。 ●主要茶具：茶壶、茶杯、砂铫、泥炉，又称"茶器四宝"。传统潮汕工夫茶讲究使用的工夫茶"四宝"，则为玉书碨、红泥炉、孟臣罐、若琛杯。

任务引入

同学A和同学B在茶艺室聊天，主要话题是关于国庆节假期旅游的奇闻逸事。

同学A：你去过香格里拉吗？

同学B：去过，还记得那里的酥油茶。你喝过吗？

同学A：对呀对呀，就想和你说说酥油茶，感觉味道怪怪的，和我们平时喝的茶不一样。

同学B：有点腥味对不对？哈哈，我喝了一大碗，感觉味道很香。

同学A：我去年在湖南还喝过擂茶，又咸又甜又苦，喝完后浑身冒汗。

同学B：是啊，不知道在我们国家，还有哪些地方喝茶的习惯是和我们不一样的。

于是，他们决定一起去了解中国不同民族、不同地区的饮茶风俗。

任务分析

本案例中，同学A和同学B聊到旅游中所碰到的关于饮茶习俗的奇闻逸事，提到喝酥油茶和擂茶的感受，想了解"我们国家还有哪些地方的喝茶习惯"和自己不一样。

中华民族是一个多民族大家庭，中国茶文化是各族人民共同创造的。少数民族茶俗是宝贵的茶文化资源和鲜活的茶艺生活。每个少数民族都有自己独特的饮茶习俗和饮用方式，如蒙古族的奶茶、藏族的酥油茶、白族"一苦二甜三回味"的三道茶、傣族的竹筒茶、布朗族常年吃的酸茶、纳西族治感冒的"龙虎斗"、傈僳族的雷响茶、拉祜族的陶罐烤茶、佤族的烧茶等。少数民族茶俗丰富独特，举凡日常居家、敬迎客人、祭神祀祖等，无处不在，且都渗透着每个民族的文化精神和思想。

任务实施

中国地大物博，民族众多，历史悠久，民俗也多姿多彩。而饮茶是中华各族的共同爱好，无论哪个民族，都有各具特色的饮茶习俗。在我国的少数民族中，除了赫哲族很少饮茶外，其他各个民族都有饮茶习俗。具体内容见表3-3和表3-4。（图见第04页"中国部分少数民族饮茶习俗"）

表3-3 中国部分少数民族饮茶习俗

民族	饮茶习俗	茶俗特点
蒙古族	奶茶	●渊源：奶茶是我国很多少数民族、特别是北方游牧民族同胞酷爱的饮品。由砖茶煮成的咸奶茶，是蒙古族的传统茶饮。在牧区，人们习惯于"一日三餐茶，一顿饭"。通常一家人只在晚上放牧回家才正式用餐一次，但早、中、晚三次喝咸奶茶，一般是不可缺少的。若有客人到访，热情好客的主人首先斟上香喷喷的奶茶，表示对客人的真诚欢迎。客人光临家中而不斟茶被视为草原上最不礼貌的行为。 ●制作方法：制作奶茶一般用青砖茶或黑砖茶，先把砖茶打碎，将2~3升水煮至刚沸腾，加入打碎的砖茶50~80克。当水再次沸腾5分钟后，掺入牛奶，稍加搅动，再加入适量盐。等到整锅咸奶茶开始沸腾时，即可盛在碗中待饮。 ●主要茶具与材料：小型杵臼、茶锅、茶桶、茶壶、汤勺、茶碗等器具，捣碎的砖茶，制作奶茶的水、鲜奶、黄油、盐等，以及配食的奶制品、肉干等材料。
藏族	酥油茶	●渊源：藏族主要居住在西藏、青海、甘肃、四川甘孜和阿坝，以及云南香格里拉等地。这些地区海拔高，空气稀薄，气候高寒干旱，当地人以放牧或种旱地作物为生，食物以牛羊肉和糌粑、乳、酥油等为主，蔬菜瓜果很少，因此，茶成为藏族人的生活必需品。"其腥肉之食，非茶不消；青稞之热，非茶不解。" ●制作方法：制作酥油茶时，先煮茶，再将茶汁倒入圆柱形的打茶筒内，加入适量酥油、捣碎的核桃仁、花生仁、芝麻粉、生鸡蛋等和少量的食盐，趁热用木杵上下搅打。根据藏族同胞的经验，当打茶筒内发出"嚓、嚓"声时，就表明酥油茶打好了。酥油茶色、香、味俱佳，入口香醇柔润，美味可口。

（续表）

民族	饮茶习俗	茶俗特点
		●主要茶具与材料：煮茶罐、茶壶、打茶筒、托盘、木碗等器具；主料有茶叶和酥油，配料有核桃仁、芝麻、花生米、盐巴等。
白族	三道茶	●渊源：白族三道茶相传为南诏、大理国时期国王宴请将军大臣的饮品，后来配方流入民间，形成民间待客的一种方式。三道茶营养丰富，味道鲜美，蕴涵着"一苦、二甜、三回味"的人生哲理，最初是白族长辈用于对即将求学、经商、婚嫁的晚辈的祝愿，如今成了白族人民喜庆迎宾时的饮茶习俗。 ●制作方法：第一道茶，用铜壶煨开水，将小土陶罐底部预热，待发白时投下茶叶，抖动陶罐使茶叶均匀受热，待茶叶烤至焦黄发香时，冲入少量开水，罐中发出噼啪声，稍加熬煮便制成了头道"苦茶"。第二道茶，重新用陶罐置茶、烤茶、煮茶，同时将切细的乳扇、核桃仁、芝麻、红糖等置入小碗内，之后将烤煮好的滚烫的茶水斟入小碗内，七分满为宜，与佐料调和成香甜可口的"甜茶"。第三道茶，再次用陶罐置茶、烤茶、煮茶，另一边同时煮花椒、生姜、桂皮，待花椒、生姜、桂皮水煮好，倒入茶壶，再倒入烤煮好的茶水，调入蜂蜜，即可将调制好的"回味"茶汤分入碗中敬给客人。 ●主要茶具与材料：茶具都是土陶罐和茶杯。第一道，材料只有茶；第二道，材料有茶叶、核桃、乳扇、红糖、白糖；第三道，材料有花椒、生姜、桂皮、蜂蜜。
土家族	擂茶	●渊源：土家族擂茶又名"三生汤"，相传是三国时代的"三生饮"流传而来。《梦梁录》记载，宋代的茶食店便有卖"擂茶""七宝擂茶"的。关于其来历，说法有二，其一是擂茶是由生（茶）叶、土姜、生米擂碎制成，故而得名；其二是相传东汉末年，张飞带兵巡视武陵壶头山（今湖南常德），时逢酷夏炎热，加上水土不服，官兵皆腹泻成疾，久治不愈。村中一老中医见张飞军纪严明，于民秋毫无犯，特献家传秘方"三生汤"，即将生（茶）叶、生姜、生米擂碎冲开水给将士饮用，官兵们服后腹泻即愈，后来演变成今天的擂茶。土家人把擂茶看作治病的良药。 ●制作方法：制作擂茶时，先以上好的绿茶置于钵底，掺入甘草、生姜、生米、白芝麻、花生米等，以擂棍于钵之内壁旋转，将材料研成泥状，注入沸水，斟入茶碗，加盐或白糖，趁热饮用。茶汤入口，咸、甜、苦、辣、涩五味俱全。 ●主要茶具与材料：擂棍、擂钵、碗、竹制捞瓢、木勺等器具；大米、芝麻、玉米、生姜、花生米、盐、茶叶（鲜叶或干茶）等材料。

表 3-4 中国少数民族主要饮茶方式一览表

编号	民族	主要饮茶方式	编号	民族	主要饮茶方式
1	蒙古族	奶茶、盐巴茶、咸茶	29	土族	年茶
2	回族	三香碗子茶、三炮台茶	30	达斡尔族	奶茶、荞麦粥茶
3	藏族	酥油茶、甜茶、奶茶	31	仫佬族	打油茶
4	维吾尔族	奶茶、清茶、香茶、甜茶、炒面茶	32	羌族	酥油茶、罐罐茶
5	苗族	米虫茶、油茶、擂茶	33	布朗族	青竹茶、酸茶
6	彝族	烤茶、百抖茶	34	撒拉族	麦茶、茯茶、奶茶、三香碗子茶
7	壮族	打油茶、槟榔代茶	35	毛南族	煨茶、打油茶
8	布依族	打油茶	36	仡佬族	甜茶、煨茶、打油茶
9	朝鲜族	人参茶、三珍茶	37	锡伯族	奶茶、酥油茶
10	满族	盖碗茶	38	阿昌族	青竹茶
11	侗族	豆茶、打油茶	39	普米族	酥油茶、打油茶
12	瑶族	打油茶、滚郎茶	40	塔吉克族	奶茶、清真茶
13	白族	三道茶、烤茶、雷响茶	41	怒族	酥油茶、盐巴茶
14	土家族	擂茶、油茶汤、打油茶	42	乌孜别克族	奶茶
15	哈尼族	煨酽茶、煎茶、土锅茶、竹筒茶	43	俄罗斯族	奶茶
16	哈萨克族	奶茶、清真茶、米砖茶	44	鄂温克族	奶茶
17	傣族	竹筒香茶、煨茶、烧茶	45	德昂族	砂罐茶、酸茶
18	黎族	黎茶、芎茶	46	保安族	清真茶、三香碗子茶
19	傈僳族	油盐茶、雷响茶、龙虎斗	47	裕固族	炒面茶、甩头茶、奶茶、酥油茶
20	佤族	苦茶、煨茶、擂茶、铁板烧茶	48	京族	槟榔代茶
21	畲族	三碗茶、烘青茶	49	塔塔尔族	奶茶
22	高山族	酸茶、柑茶	50	独龙族	煨茶、竹筒打油茶、独龙茶
23	拉祜族	竹筒香茶、糟茶、烤茶	51	鄂伦春族	黄芹茶
24	水族	罐罐茶、打油茶	52	赫哲族	小米茶
25	东乡族	三台茶、三香碗子茶	53	门巴族	酥油茶

（续表）

编号	民族	主要饮茶方式	编号	民族	主要饮茶方式
26	纳西族	酥油茶、盐巴茶、龙虎斗、糖茶	54	珞巴族	酥油茶
27	景颇族	竹筒茶、腌茶	55	基诺族	凉拌茶、煮茶
28	柯尔克孜族	茯茶、奶茶			

注：民族顺序按国家民族事务委员会"中华各民族"表格从左栏到右栏排序。

🫖 知识拓展

国外茶俗风情

中国古代的饮茶习俗通过陆上丝绸之路和海上丝绸之路向世界各地传播，通过与各国之间进行商贸往来、宗教文化交流、互通使节等多种方式，直接或间接地影响了国外饮茶习俗的形成。世界各国吸收中国茶文化后，结合本国本民族的饮食习惯、文化特点等因素，通过长期的饮茶实践，不断进行传承、演变和发展，最后形成具有本国特色的茶俗风情（见表3-5）。世界范围的饮茶文化，既融合共通，又异彩纷呈。（图见第05页"不同国家的茶俗文化"）

表3-5 不同国家的茶俗文化

国家	饮用方式	茶俗特点
日本	清饮法	●渊源：唐代从中国传入日本，经几百年的融合与发展，形成日本茶道。 ●特点：尽管日本的饮茶习俗在不同时代存在着差异，但总体而言，它们与中国传统的饮茶方法颇为相似。日本茶道主要分为日本抹茶道和日本煎茶道。尽管众多茶道流派在行茶程式或茶具风格上有所偏好，有的继承传统武士风格，有的侧重书院风格，但都秉承"四规"和"七则"。其中，四规即"和敬清寂"的精神理念。七则是指茶要浓淡适宜，添炭煮茶要注意火候，茶室要冬暖夏凉，室内插花要新鲜，要遵守时间，要准备好雨具，要照顾好所有客人。 ●材料：茶粉与热水。 ●茶具：以日本抹茶道为例，主要包括茶碗、茶筅、茶入、盖置、建水、铁壶、茶勺、柄杓等。
韩国	清饮法	●渊源：唐代从中国传入韩国，经长期的融合与发展，形成韩国茶礼。 ●特点：韩国茶礼极具仪式感。按照形式，可分为接宾茶礼、佛门茶礼、君子茶礼、闺房茶礼等。按照类型，可分为生活茶礼、成人茶礼、高丽茶礼（五行茶礼）、新罗茶礼、陆羽品汤会等。按照茶叶类型，可分为抹茶法、饼茶法、煎茶法、叶茶法。目前韩国的众多茶会没有完全一致的茶礼程式，但比较注重师从何处。韩国茶礼的宗旨是"和、敬、俭、真"。

（续表）

国家	饮用方式	茶俗特点
		●材料：茶叶与热水。 ●茶具：以接宾茶礼（五行茶礼）为例，主要包括茶壶、茶盏、茶碗、汤罐、退水器、茶床、水瓢、茶叶罐等。
英国	调饮法	●渊源：明末清初从中国传入欧洲，与英国本土的饮食习俗和生活习惯进行融合，形成英式下午茶。 ●特点：传统英式下午茶的时间在 16 时左右，品饮时要求有浓厚的文化氛围，包括布置精致的客厅、精美的茶具、上等茶品、纯英式点心、播放古典音乐等，在饮茶仪式上有严格的礼仪规范。 ●材料：红茶、牛奶、糖、热水。 ●茶具：英式下午茶的茶具主要包括水壶、茶壶、茶叶罐、牛奶壶、糖罐、茶杯、茶托、茶匙、汤匙、托盘、三层茶点架、茶点盘、点心叉等。
印度	调饮法	●渊源：印度曾经是英国殖民地，饮茶方式受英国影响，与印度饮食习俗和生活习惯相融合，形成印度拉茶。 ●特点：印度是世界上主产红茶的国家之一，以 CTC 茶（红碎茶）为主，主要茶叶产区有大吉岭、阿萨姆、尼尔吉里等。习惯在红茶中添加奶制品和糖饮用。制备茶汤时，将茶水在两只茶杯间来回倾倒多次，拉出高长的弧度而不撒漏茶汤，使调料和茶汤完美融合，产生丰富可口的泡沫，增强茶汤口感的细腻度与层次感。这种凸显"拉茶"技艺的奶茶被称为"印度拉茶"。印度拉茶随着印度移民被带到了马来西亚、新加坡等地。 ●材料：红茶、牛奶、热水、肉桂、小豆蔻、糖。 ●茶具：煮茶壶、奶罐、玻璃杯。
俄罗斯	调饮法	●渊源：俄罗斯的饮茶之风也源于中国，至少有 400 年的历史。 ●特点：俄罗斯人喜爱甜食，在茶品的风味上，也偏好喝甜茶。将中国的砖茶放到茶壶里焖泡 3 分钟，加糖、果酱、蜂蜜或牛奶调和，只饮一道汤。在饮茶的同时，他们还喜欢配上大盘小碟的蛋糕、烤饼、馅饼、甜面包、饼干等茶点。为了御寒，在冬季也会将酒调和到茶汤中饮用。 ●材料：红茶、热水、果酱、蜂蜜或牛奶、糖。 ●茶具：茶炊（煮水器）、茶壶、茶杯。
摩洛哥	调饮法	●特点：摩洛哥地处炎热的非洲，本国产茶很少，却被称为"绿茶消费王国"，以进口中国的珠茶为主。茶对于摩洛哥人的重要性仅次于吃饭。薄荷绿茶是摩洛哥最流行的茶饮，被称为国饮，是一种花草型调饮茶。薄荷绿茶用煮茶的方法，冲泡的第一道茶汤显琥珀色，被认为蕴含了丰富的营养而被留用；第二道注水后的茶汤会被弃饮，称为"洗茶"，然后把第一道的茶汤倒回水壶中，再加水煮沸后，加入薄荷，分汤品饮时，可以根据喜好决定是否加糖或香料。 ●材料：中国绿茶、热水、新鲜薄荷、糖。 ●茶具：尖嘴的茶壶、大茶盘、玻璃杯、糖缸。

任务考核·理论考核

1.（单选题）滇西西双版纳傣族自治州、普洱市等地尊崇（ ）为茶祖。

A.陆羽　　　　　B.神农　　　　　C.古茶树　　　　　D.诸葛亮

2.（单选题）从茶俗功能角度看，"径山茶礼"属于（ ）。

A.祭祀茶俗　　　B.宗教茶俗　　　C.饮食茶俗　　　　D.婚庆茶俗

3.（单选题）蒙古族制作奶茶时，以下材料（ ）一般不需要。

A.大米　　　　　B.砖茶　　　　　C.鲜奶　　　　　　D.黄油

4.（单选题）流行于江浙一带尤其是湖州南浔的地方传统茶饮是（ ）。

A.大碗茶　　　　B.酥油茶　　　　C.青豆茶　　　　　D.盖碗茶

5.（单选题）在四川成都一带和沱江、长江、嘉陵江沿岸城市的茶馆常用（ ）泡茶。

A.紫砂壶　　　　B.长嘴壶　　　　C.大铁碗　　　　　D.陶瓷罐

6.（多选题）茶俗风情具有（ ）等特点。

A.地域性　　　　B.社会性　　　　C.多样性　　　　　D.功能性

7.（多选题）我国多个地方婚庆礼俗中，会把茶叶当作吉祥物，主要是因为（ ）。

A.茶树移栽很难成活，代表着爱情的坚贞不移

B.茶多籽，代表子孙繁盛、家庭幸福

C.茶花洁白，代表纯洁

D.茶树长青，代表长盛不衰

8.（多选题）土家族制作擂茶，一般会使用的器具包括（ ）。

A.擂棍　　　　　B.擂钵　　　　　C.陶罐　　　　　　D.茶碗

9.（多选题）擂茶又名"三生汤"，用（ ）等原料，用擂钵捣烂成糊状，注入沸水，斟入茶碗，加盐或白糖，趁热饮用。

A.生姜　　　　　B.生芝麻　　　　C.生米　　　　　　D.生茶叶

10.（多选题）传统潮汕工夫茶讲究使用的工夫茶"四宝"是（　　）。

A.玉书碨　　　　　B.红泥炉　　　　　C.孟臣罐　　　　　D.若琛杯

11.（判断题）茶俗风情是民间风俗的一种，是人们在长期社会生活中形成的以茶为主题或以茶为媒介的习俗，并不断演变、发展，世代相袭、自然积累。　　　　（　　）

12.（判断题）"擂茶三宝"指的是生茶叶、生花生、生姜。　　　　　　　　（　　）

13.（判断题）酥油茶主要流行于西南和西北等少数民族地区。　　　　　　（　　）

14.（判断题）白族三道茶营养丰富，味道鲜美，蕴涵着"一苦、二甜、三回味"的人生哲理。　　　　　　　　　　　　　　　　　　　　　　　　　　　　　（　　）

15.（判断题）中国各地根据茶叶产地、气候差异和饮食习惯，逐渐形成不同的饮茶风格。从茶品看，基本形成"东绿西黑南青北花"的品饮格局。　　　　　（　　）

【答案】

1.D　2.B　3.A　4.C　5.B

6.ABCD　7.AB　8.ABD　9.ACD　10.ABCD

11.√　12.×　13.×　14.√　15.√

任务考核·实操考核

表 3-6 茶俗风情实训要求

实训场景	茶俗风情实训。
实训准备	●老师提前给学生发布茶俗风情实训任务，要求学生提前做好准备。 ●老师印制评分表，分发给全班同学。
角色扮演	全班分为几个小组，5~6人一组，分工完成丰富多彩的茶俗风情实训任务。
实训规则与要求	●各组分别选择一个民族，搜集其茶俗风情的相关材料。 ●各组分别制作所选民族的茶俗风情PPT，课堂汇报。 ●各组分别把所选民族的茶俗风情拍摄成视频，互相评分。
模拟实训评分	见表 3-7。

表 3-7 茶俗风情实训评分表

序号	项目	评分标准	分值	得分
		职业素养项目（30分）		
1	仪容仪表	精神饱满（3分），表情自然（3分），具有亲和力（4分）。	10	
2		形象自然优雅，妆容着装得体自然（5分）；没有多余的小动作（5分）。	10	
3		口齿清楚，语调自然（5分）；语速适中，节奏合理，表达自然流畅（5分）。	10	
		汇报项目（70分）		
4	茶俗风情实训汇报	PPT展示：PPT画面简洁、清晰、美观、字体大小合适（10分）；PPT内容与实训要求一致，与汇报主题相统一（10分）。	20	
		能清晰全面地介绍所选民族的饮茶方式：器具（5分）、流程和注意事项等（5分）。	10	
5		能清晰全面地介绍所选民族茶俗风情形成的渊源：历史传承（5分）、故事或传说等（5分）。	10	
6		能清晰全面地介绍所选民族茶俗风情的主要特点：人（5分）、事物等（5分）。	10	
7		所选民族茶俗风情汇报内容的结构完整。	5	
8		语言表达：逻辑性强，思路清晰（10分）；表达流畅、简洁，无多余废话和口头语（5分）。	15	
		总分（满分为100分）		
教师评价				

项目2

茶产业篇

任务 4
茶区分布

思维导图

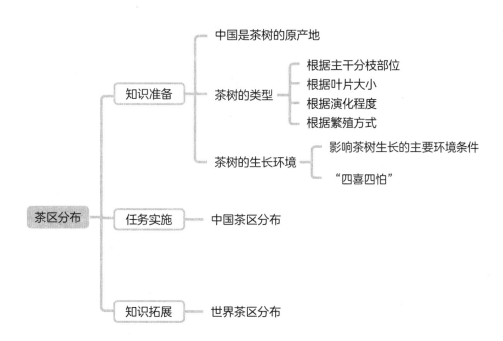

学习目标

1.知识目标:了解茶树的原产地、类型和生长环境,以及中国茶区的分布及特点。

2.技能目标:阐述中国四大茶区的分布及特点,在地图上标明各茶区分布位置。

3.思政目标:增强文化自信,培养茶产业意识。

🫖知识准备

一、中国是茶树的原产地

茶树的起源包括地理起源和栽培起源两个概念,前者指在特定的地理区域从无到有自然形成茶树的过程,后者指野生茶树被人工驯化成栽培茶树的过程。茶树从起源中心向外扩散,因自然或人工选择,演化成野生型茶树和栽培型茶树。

茶树的原产地是指在人工驯化栽培以前茶树原始分布的区域,也有部分人认为其等同于茶树的起源地。茶源于中国早为世人所知,但自从1824年在印度发现野生茶树后,茶树原产地的问题便有了争议。多数学者认为茶树原产于中国,也有少部分人认为茶树原产于印度或原产于东南亚。现代茶业复兴和发展的奠基人吴觉农指出,中国有几千年的茶业历史,历代关于茶的文献记载,以及现代茶树种质资源分布状况的考察研究,都为茶树原产于中国的观点提供了根据。著名植物分类学家张宏达在考证后认为,印度的茶树与云南广泛栽培的大叶茶无异,在印度也没有关于茶树的古籍记载。因此,无论从茶树的地理分布,还是从人类利用茶叶的历史来看,中国都应是茶树的原产地。研究表明,中国西南地区可能是茶树的起源中心。

二、茶树的类型

茶树是多年生的常绿木本植物,在植物学分类系统中属于种子植物门、双子叶植物纲、山茶目、山茶科、山茶属、茶组、茶种。1950年,我国植物学家钱崇澍根据国际命名法有关要求和茶树特性的研究,将茶树的学名确定为Camellia sinensis (L.)O.Kuntze,并一直沿用至今。

茶树的主要器官包括根、茎、叶、花、果实和种子,其中叶和嫩茎是茶叶制作的主要原材料。茶树形态丰富多样,一般根据茶树的植物学特征如树型、叶片大小以及演化程度、繁殖方式等进行分类。

(一)根据主干分枝部位

根据茶树主干分枝部位的不同,茶树可以分为乔木型、小乔木型(也称半乔木型)和灌木型3种类型如表4-1所示。(图见第06页"茶树的类型")

表4-1 茶树的类型

茶树类型	茶树特点	主要分布地区
乔木型	●植株高大,分枝部位高,由植株基部至顶部主干明显,枝叶稀疏。 ●一般树高3~10米,部分野生茶树可高达10米以上。 ●一般叶片大,叶色淡,茶多酚含量高,适宜制作红茶和黑茶。	多为野生古茶树,主要分布于我国西南地区,以云南和海南两省居多。

（续表）

茶树类型	茶树特点	主要分布地区
小乔木型	●植株较高大，分枝部位离地面较近，由植株基部至中部主干明显，分枝较稀。 ●树高多为2~3米。 ●叶片中等，适宜制作乌龙茶、红茶和白茶。	主要分布于热带或亚热带的茶区，如我国云南、广西、广东、福建和台湾等地。
灌木型	●植株低矮，由植株基部开始分枝，无明显主干，分枝较密。 ●茶树自然状态下可长至1.5~3米。 ●叶片较小，适宜制作绿茶和红茶。	主要分布于我国中部、东部与北部茶区，是我国种植面积最大和数量最多的茶树。

（二）根据叶片大小

根据茶树叶片大小，可将茶树分为特大叶种、大叶种、中叶种及小叶种四种类型其划分是根据定型叶的叶面积大小来进行的。叶面积的计算公式为：

$$叶面积（平方厘米）＝叶长（厘米）×叶宽（厘米）×0.7（系数）$$

其中，叶面积>50平方厘米的为特大叶种，叶面积28~50平方厘米的为大叶种，叶面积14~28平方厘米的为中叶种，叶面积<14平方厘米的为小叶种。

（三）根据演化程度

根据茶树演化程度，可以分为野生型茶树和栽培型茶树，但两者之间无严重的生殖隔离，可以进行杂交，其后代兼具两者特征。其中，野生型茶树多为乔木型或小乔木型，树姿多直立；芽叶无毛或少毛，叶片多为大叶种，叶面角质层较厚，叶片硬脆；子房有毛或无毛，花柱3~5裂；儿茶素、茶氨酸等含量普遍较低。栽培型茶树多为小乔木型或灌木型，树姿多开张或半开张；芽叶多毛或少毛，叶片大小存在差异，大、中、小叶均有，角质层较薄，叶片较软；子房有毛，花柱3裂；儿茶素、茶氨酸等含量普遍较高。

（四）根据繁殖方式

根据茶树繁殖方式不同，可以分为有性系品种和无性系品种两类。其中，有性系品种采取种子繁殖；茶树生长力强，可适应土壤和气候条件较差的地方；茶树个体间性状差异较大，在生化成分组成上有着互补性；成品茶外形各异，颜色较杂。无性系品种，采用的是扦插、压条、嫁接等无性方式繁殖；茶叶产量大，完全保证父（母）本的所有遗传特征，茶叶特征高度一致，选育的优良品种特点鲜明，性状相对稳定。

三、茶树的生长环境

茶树与其他植物一样, 其生长状况与周围环境条件密不可分。影响茶树生长的主要环境条件包括光、热、气、土壤等因素 (见表4-2)。适宜茶树生长的环境归纳起来有"四喜四怕"的特点, 即"喜光怕晒, 喜温怕寒, 喜湿怕涝, 喜酸怕碱"。(图见第06页"茶树的生长环境")

表 4-2 适宜茶树生长的环境条件

影响因素	适宜条件
光照	● 茶树"喜光怕晒"。"高山云雾出好茶"。在一定海拔高度的茶树种植区, 降水相对较为充沛, 云雾多, 空气湿度大, 阳光折射形成漫射光, 有利于茶树保持良好的持嫩性, 鲜叶中的氨基酸和含氮芳香物质多, 同时茶多酚的合成相对较少, 使得制成的茶叶品质较佳。一般来说, 光照的时间越长, 茶树叶片能够接受光能的时间越长, 光合作用积累的有机物越多, 越有利于茶树的生长发育和茶叶产量的提高。
温度	● 茶树"喜温怕寒"。温度不仅制约着茶树的生长发育速度, 而且影响着茶树的地理分布, 是茶树生命活动的必要因素之一。茶树生长发育的最适宜温度为20~25℃。当温度高于25℃或低于20℃时, 茶树新梢的生长速度相应减慢。在不同地区, 茶树的最高耐受温度为35~40℃。在适宜的温度范围内, 茶树的生长发育正常, 有利于茶叶有效成分如氨基酸、多酚类等物质 (特别是滋味成分) 的形成和积累, 提高茶叶品质。
水分	● 茶树"喜湿怕涝"。茶树是一种叶用植物, 对水分有很高需求, 茶树种植区适宜的年降水量为1500毫米左右 (我国大部分茶区的年降水量为1200~1800毫米), 生长期间的月降水量要求达到100毫米以上。适宜茶树生长发育的空气相对湿度为80%~90%。空气湿度较高有利于茶树的生长, 且其新梢一般持嫩性强, 叶质柔软, 内含物积累丰富, 茶叶品质较好。
土壤	● 茶树"喜酸怕碱"。茶树生长的土壤以土质疏松、土层深厚、排水良好的砾质、砂质壤土为佳, 适宜在富含有机质、微生物且pH值为4.0~5.5的酸性土壤中生长。茶树对pH值的反应尤为敏锐, 当pH < 4.0或pH > 6.0时, 都会导致叶片颜色发生变化, 根系不能正常生长, 生理活动受到阻碍, 严重时甚至导致死亡。酸性土壤的指示植物有马尾松、杜鹃、蕨类植物等。

🫖 任务引入

学生A在茶艺室把自绘的茶树图形粘贴在地图上, 制作中国茶区分布图。

学生B: 哟, 老师才布置的作业, 你们就差不多完成了, 效率真高哇!

学生A: 嘿嘿, 那是必须的呀, 茶树生长分布图是我们小组的秘密武器, 准备下节课分享, 给大家一个意外惊喜! 来来来, 帮忙看看有没有不妥的地方?

学生B: 咦? 你怎么在这里也插上茶树图标呀? 这里可是西藏, 高海拔地区哦, 你确定这里也产茶吗?

学生A:我查看了资料,虽然西藏平均海拔超过4000米,但是在低海拔的林芝、墨脱,水热条件非常适合茶树的生长。藏东南地区属于西南茶区的一部分呢!

学生B:长见识了!真希望有机会能品尝到来自"世界屋脊"的茶。

任务分析

本案例中,同学A和同学B围绕中国茶树生长分布图的制作进行讨论,重点是西藏是否也有茶树生长。

茶叶的生产遍及全球五大洲,中国是世界茶树种植面积最大的国家。中国茶叶产区辽阔,西起东经91°的西藏自治区错那,东至东经122°的台湾地区东海岸,南自北纬18°的海南省三亚,北抵北纬38°的山东省蓬莱山,东西跨越31个经度,南北跨越20个纬度,纵横千里,遍及西藏、四川、甘肃、陕西、河南、山东、云南、贵州、重庆、湖南、湖北、江西、安徽、浙江、江苏、广东、广西、福建、海南、台湾等20个省、自治区、直辖市的1000多个市县。

任务实施

中国茶区所分布的地方,平原、高原、丘陵、盆地和山地等地形均有,海拔高低悬殊。受纬度、海拔等条件的影响,不同茶区自然环境差异较大,横跨中温带、暖温带、北亚热带、中亚热带、南亚热带、热带等6个气候带,但总体而言,茶树生长仍主要集中于南亚热带和中亚热带。由于不同地区的土壤、降水、温度等条件存在差异,对茶树的生长发育和茶叶的生产也有着重要的影响,因此,区域不同,茶树的类型、品种也各不相同,这就决定了茶叶的品质及适制性,从而形成丰富的茶类结构。中国农业科学院茶叶研究所茶叶区划组根据各地的生态环境、产茶历史、品种分布、茶类结构等,将中国产茶地区划分为西南茶区、华南茶区、江南茶区和江北茶区四大茶区(见表4-3)。

表 4-3　中国茶区分布

茶区名称	地区分布	茶区特点	代表性名茶
西南茶区	●又称高原茶区，是我国最古老的茶区，位于我国西南部，包括贵州、四川、重庆三省市，以及云南的中北部和西藏的东南部。	●气候：西南茶区是茶树生态适宜区，属亚热带季风气候。由于地形复杂，地势高，区域内气候差别很大，具有立体气候特征。四川盆地年平均气温为16~18℃，云贵高原年平均气温为14~15℃。年降水量为1000~1700毫米。 ●土壤：土壤类型多样，云南中北部区域主要为棕壤、赤红壤及山地红壤，而四川、贵州和西藏东南部区域主要为黄壤，pH值为5.5~6.5。该区土壤有机质含量较其他茶区丰富，土壤状况适宜茶树生长。 ●茶树类型：茶树品种资源丰富，兼具灌木型、小乔木型和乔木型茶树。	西南茶区生产茶类和代表性名茶，主要有绿茶（如都匀毛尖、竹叶青等）、红茶（如滇红工夫、川红工夫等）、黑茶（如普洱茶、下关沱茶等）及花茶（如玫瑰花茶等）。
华南茶区	●又称岭南茶区，是我国最南部的茶区，位于中国南部，包括海南、台湾二省，以及福建、广东的中南部，广西和云南的南部。	●气候：华南茶区是茶树生态最适宜区，气候温暖湿润，南部为热带季风气候，北部为南亚热带季风气候。年平均气温为20℃，是中国气温最高的茶区。年降水量1200~2000毫米，也是中国各茶区之最。 ●土壤：以赤红壤为主，部分为黄壤，pH值为5.0~5.5，最适宜茶树生长。 ●茶树类型：茶区有灌木型、小乔木型和乔木型茶树，茶树以大叶种为主。	华南茶区茶类结构丰富，生产的茶类和代表性名茶，主要有红茶（如英德红茶等）、乌龙茶（如铁观音、冻顶乌龙等）、黑茶（如六堡茶等）及花茶（如茉莉花茶等）。
江南茶区	●又称华中南区茶区，位于长江中下游南部，包括浙江、江西、湖南三省，以及广东、广西的北部，福建的中北部，湖北、安徽、江苏的南部。	●气候：江南茶区为茶树生态适宜区，气候温和湿润，北部为中亚热带季风气候，南部为南亚热带季风气候。茶区四季分明，年平均气温为15~18℃，雨量充沛并集中于春夏季，年降水量1100~1600毫米。 ●土壤：以红壤为主，黄壤次之，pH值为5.0~5.5，适宜茶树生长。 ●茶树类型：主要为灌木型中小叶种，也有小乔木型茶树。	江南茶区是中国茶叶主产区，茶叶年产量约占全国的2/3，是中国绿茶产量最高的茶区。生产的茶类和代表性名茶主要有绿茶（如西湖龙井、六安瓜片、恩施玉露、洞庭碧螺春等）、红茶（如祁红工夫等）、黑茶（如安化黑茶、千两茶等）、乌龙茶（如武夷岩茶等）、白茶（如白毫银针、白牡丹等）及黄茶（如君山银针等）。

（续表）

茶区名称	地区分布	茶区特点	代表性名茶
江北茶区	●又称华中北区茶区，是我国最北部的茶区，位于长江中下游北部，包括湖北、安徽、江苏的北部，甘肃、陕西、河南的南部，山东的东南部。	●气候：江北茶区是茶树生态次适宜区，属北亚热带和暖温带季风气候。年平均气温13~16℃，最低气温一般为−10℃，极端最低温可达−15℃以下，气候寒冷，冬季的低温和干旱使茶树常受冻害。年降水量700~1000毫米，且分布不均匀。 ●土壤：多为黄棕壤，部分地区为棕壤，pH值为6~6.5。 ●茶树类型：主要为灌木型中小叶种。	江北茶区生产的茶类基本都是绿茶，代表性名茶有信阳毛尖、日照雪青、紫阳毛尖等。

知识拓展

世界茶区分布

作为喜温喜湿植物，茶树主要分布于热带和亚热带区域。从北纬49°到南纬33°，全世界有60多个国家与地区产茶，主要集中在亚洲、非洲和拉丁美洲，大洋洲和欧洲产茶较少（见表4-4）。依据茶叶生产及气候条件等因素，可将全球分为东亚、东南亚、南亚、西亚、欧洲以及东非和南美等6个茶区，其中亚洲茶区种植面积最大。

表4-4 世界茶区分布

茶区名称	主要国家	茶区概况	生产茶类
东亚茶区	中国	●中国是茶树的起源地，也是最早发现和利用茶的国家。中国的茶园面积和茶叶年产量多年稳居世界第一，产茶区域辽阔，全国有20个省、自治区、直辖市产茶，2020年茶园面积316.5万公顷。	主要生产红茶、绿茶、白茶、黄茶、乌龙茶和黑茶，也生产花茶。
	日本	●茶叶主要出产于静冈、鹿儿岛和三重3个县。	以绿茶生产为主。
	韩国	●茶叶产区主要位于南部全罗南道的宝城，临近大海，气候温暖，适宜茶树生长。	以绿茶生产为主。

（续表）

茶区名称	主要国家	茶区概况	生产茶类
东南亚茶区	印度尼西亚	●茶叶生产大国，有多个茶区，2020年茶园面积11.4万公顷，主要产区为爪哇岛和苏门答腊岛，茶叶四季均可采制，但以每年7~9月的品质为佳。	主要生产红茶，其次为绿茶。
	越南	●茶园面积13万公顷，主要分布在越南的中北部和中部高原地区。	主要生产红茶、绿茶和乌龙茶等。
	缅甸	●茶园面积8.1万公顷，主要产茶区位于果敢，属于低纬度高海拔高原湿润季风气候区，适宜茶树生长，具有丰富的古茶树资源。	主要生产红茶、绿茶和乌龙茶等。
	马来西亚	●茶叶生产区域主要位于金马仑高地和沙巴州。	主要生产红茶。
南亚茶区	印度	●世界上主要的茶叶生产国之一，全球最大的红茶生产国和消费国。其生产的茶叶主要用于满足国内市场需求，仅少量用于出口。在印度，茶叶贸易方式主要为拍卖，其拍卖的价格已成为国际红茶拍卖的风向标。印度28个邦中，有16个邦生产茶叶，茶园面积63.7万公顷，主要有阿萨姆、大吉岭和尼尔吉里3个知名产茶区。	主要生产红茶。
	斯里兰卡	●茶园面积20.3万公顷，茶树主要种植于其中央高地与南部低地，六大茶叶产区分别为乌瓦、乌达普沙拉瓦、努瓦纳艾利、卢哈纳、坎迪和迪布拉。产于乌瓦的锡兰高地红茶，与中国的祁门红茶、印度的大吉岭红茶并称"世界三大高香红茶"。	主要生产红茶。
	孟加拉国	●世界红茶主产国之一，茶园面积6.1万公顷，主要分布在东北部的希尔赫特大区，其茶叶产量占全国总产量的90%。	主要生产红茶。
西亚茶区	土耳其	●全球人均茶叶消费量最大的国家，茶园面积8.3万公顷。茶区主要位于北部的里泽地区，属亚热带地中海气候。	主要生产红茶。
	伊朗	●茶叶消费大国，需要进口茶叶以满足市场需求。茶区主要分布在黑海沿岸的吉兰省和马赞德兰省，为适宜种茶的亚热带地中海气候，其中巴列维和戈尔甘为主要产地。	主要生产红茶。

（续表）

茶区名称	主要国家	茶区概况	生产茶类
欧洲茶区	俄罗斯	●茶叶消费大国，但因环境条件限制，仅在克拉斯诺达尔边疆区有茶树种植，且种植区域小，茶叶生产量有限，需进口茶叶以满足市场需求。	主要生产红茶。
东非和南美茶区	肯尼亚	● 1903 年开始从中国引种茶叶，是 20 世纪新兴的产茶国家，但其茶业发展极为迅速，2020 年茶园面积 26.9 万公顷，成为仅次于中国和印度的全球第三大产茶国。肯尼亚产茶区主要分布于赤道附近东非大裂谷两侧的高原丘陵地带，那里海拔高，气候温暖湿润，年降水量大，非常适合茶树生长。	主要生产红茶。
	乌干达	● 2020 年茶园面积 4.7 万公顷，产茶区主要位于西部和西南部的托罗、安科利、布里奥罗、基盖齐、穆本迪及乌萨卡等地区。	主要生产红茶。
	马拉维	●产茶区主要位于尼亚萨湖东南部和山坡地带。	主要生产红茶。
	坦桑尼亚	● 70% 的茶叶产自南部高原地区。	主要生产红茶。
	南美各国	●南美茶叶生产国有阿根廷、巴西、秘鲁及哥伦比亚等，其中阿根廷产量最大。阿根廷茶叶产区主要位于米西奥内斯和科连特斯两省，生产的茶叶以出口为主。	主要生产红茶。

任务考核·理论考核

1. （单选题）无论从茶树的地理分布或者人类利用茶叶的历史来看，（   ）都是茶树的原产地。

A.中国　　　　　　B.日本　　　　　　C.印度　　　　　　D.土耳其

2. （单选题）乔木型茶树主要分布在我国（   ）。

A.华南　　　　　　B.江南　　　　　　C.东南　　　　　　D.西南

3. （单选题）（   ）茶树是我国种植面积最大和数量最多的茶树，适宜制作绿茶和红茶。

A.乔木型　　　　　B.小乔木型　　　　C.灌木型　　　　　D.草本型

4. （单选题）茶树适宜在富含有机质、微生物且pH值为（   ）的酸性土壤中生长。

A.6.5～7.5　　　　B.5.5～6.5　　　　C.4.0～5.5　　　　D.3.0～4.5

5. （单选题）信阳毛尖是（   ）茶区的代表名茶。

A.华南　　　　　　B.西南　　　　　　C.江南　　　　　　D.江北

6. （多选题）根据茶树叶片大小不同，可将茶树分为（   ）等类型。

A.特大叶种　　　　B.大叶种　　　　　C.中叶种　　　　　D.小叶种

7. （多选题）根据茶树繁殖方式不同，可将茶树分为（   ）。

A.有性系品种　　　B.野生型品种　　　C.无性系品种　　　D.栽培型品种

8. （多选题）（   ）是西南茶区生产的代表名茶。

A.都匀毛尖　　　　B.普洱茶　　　　　C.川红工夫　　　　D.冻顶乌龙

9. （多选题）（   ）是江南茶区生产的代表名茶。

A.西湖龙井　　　　B.洞庭碧螺春　　　C.武夷岩茶　　　　D.信阳毛尖

10. （多选题）从世界茶区分布看，（   ）属于东南亚茶区。

A.越南　　　　　　B.缅甸　　　　　　C.马来西亚　　　　D.韩国

11.（判断题）西南茶区又称岭南茶区，是我国最南部的茶区。 （ ）

12.（判断题）适宜茶树种植的地区的年降水量为1500毫米左右。 （ ）

13.（判断题）茶树生长发育的最适温度为20~25℃。 （ ）

14.（判断题）华南茶区又称高原茶区，是我国最古老的茶区。 （ ）

15.（判断题）江南茶区又称华中南区茶区，是中国茶叶主产区，茶叶年产量约占全国的2/3，是中国绿茶产量最高的茶区。 （ ）

【答案】

1.A　　2.D　　3.C　　4.B　　5.D

6.ABCD　　7.AC　　8.ABC　　9.ABC　　10.ABC

11.×　　12.√　　13.√　　14.×　　15.√

任务考核·实操考核

表4-5 茶区分布实训要求

实训场景	茶区分布实训。
实训准备	●老师提前给学生发布茶区分布实训任务，要求学生提前做好准备。 ●老师印制评分表，分发给全班同学。 ●制作小卡片，上面分别印制"西南茶区""华南茶区""江南茶区""江北茶区"等字样。
角色扮演	●两人一组，其中一人扮演汇报者，另一人扮演倾听者。 ●完成一轮考核后，互换角色，再次进行。
实训规则与要求	●学生1（汇报者）：随机抽取卡片，并根据抽取结果，首先在地图上标明准确位置，然后说出该茶区的地区分布、茶区特点和代表性名茶等。 ●学生2（倾听者）：听学生1的汇报，并就该茶区的相关知识进行考查。 ●拍摄成视频，互相评分。
模拟实训评分	见表4-6。

表4-6 茶区分布实训评分表

序号	项目	评分标准	分值	得分
职业素养项目（30分）				
1	仪容仪表	精神饱满（3分），表情自然（3分），具有亲和力（4分）。	10	
2		形象自然优雅，妆容着装得体自然（5分）；没有多余的小动作（5分）。	10	
3		口齿清楚，语调自然（5分）；语速适中，节奏合理，表达自然流畅（5分）。	10	
汇报项目（70分）				
4	茶区分布实训汇报	在中国地图上标明所选茶区的准确位置。	10	
		能清晰准确地介绍所选茶区的地区分布：省份及具体方位（10分）和茶区之最等（5分）。	15	
5		能清晰全面地介绍所选茶区的特点：气候（10分）、土壤（5分）和茶树类型等（5分）。	20	
6		能清晰全面地介绍所选茶区生产的主要茶类（5分）、代表性名茶等（5分）。	10	
7		所选茶区汇报内容的结构完整。	5	
8		语言表达：逻辑性强，思路清晰（5分）；表达流畅、简洁，无多余废话和口头语（5分）。	10	
总分（满分为100分）				
教师评价				

任务 **5**
茶叶分类

思维导图

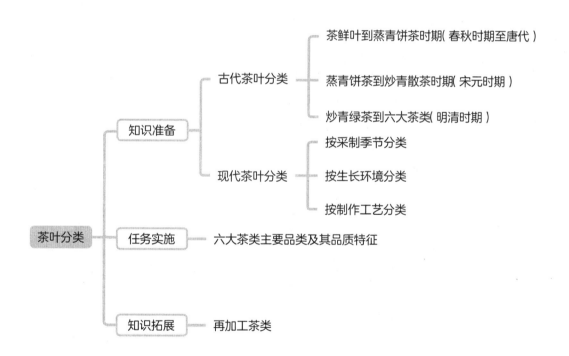

学习目标

1.知识目标：了解现代茶叶主要分类方法、六大茶类主要品类及其品质特征。

2.技能目标：鉴别六大茶类，阐述六大茶类主要品类及其品质特征。

3.思政目标：感受中国茶类资源的丰富多彩，热爱中国茶文化，增强文化自信。

🫖知识准备

一、古代茶叶分类

历史上茶叶的分类随着茶叶饮用方式和制作方法的创新而变化。

（一）茶鲜叶到蒸青饼茶时期（春秋时期至唐代）

茶在周代作为祭品使用，春秋时期用茶鲜叶煮菜汤食用，到战国时期扩大为药用，即把茶晒干或阴干，配制中草药用。

三国时期，魏国逐渐发明制造蒸青饼茶。到了唐代，蒸青饼茶更加普遍，陆羽《茶经·六之饮》中记载"饮有粗茶、散茶、末茶、饼茶者"，其中粗茶是用粗老茶鲜叶加工成的散叶茶或饼茶，散茶是茶鲜叶蒸制后不捣碎而直接烘干的散叶茶，末茶是指经蒸、捣碎后未成饼就烘干的碎末茶，饼茶是蒸压成饼形烘干的茶。

（二）蒸青饼茶到炒青散茶时期（宋元时期）

宋代饮用茶叶主要分为蜡面茶、散茶和片茶三类。蜡面茶即龙凤团饼茶，散茶与唐代散茶相似，片茶即为饼茶。

到了元代，茶叶的制法在宋代的基础上有所改进，茶叶分为蜡面茶、末茶和茗茶，前两种在宋代片茶制法的基础上改进，茗茶即为蒸青散茶，其产量较宋代有所增加，并根据茶鲜叶的嫩度分为芽茶和叶茶两类。这一时期，蒸青饼茶被改为蒸青散茶，以保持茶的真味。后来为改良蒸青茶叶香气不高、滋味不浓的缺点，又慢慢地将蒸青散茶改进为炒青散茶。

（三）炒青绿茶到六大茶类（明清时期）

明代的制茶方法有了较大进步，虽然有关茶叶的炒制工艺在唐代时便已有文字记载，但直至明代，由"蒸"变"炒"的茶叶制作方法才开始规模化应用。炒青制法既能提升茶叶的香气，又比蒸青制法简单，更省工省力，因此炒青逐渐取代了蒸青。"杀青"和"干燥"方式让绿茶的制法不断创新。之后，黄茶、黑茶和白茶相继出现。红茶诞生自福建崇安创制的小种红茶，其制法陆续传播到安徽、江西等地。到了清代，茶类有了进一步的发展，青茶出现，福建崇安、建瓯和安溪等地开始大规模生产。至此，六大茶类均已出现，但未曾分类，古人对茶的认识比较感性，仅从直观，如外形、颜色上对茶叶进行分类，且大多根据产地与制法命名。

二、现代茶叶分类

（一）按采制季节分类

1.春茶

一般指由越冬后茶树新萌发的芽叶采制而成的茶。春茶约3月下旬萌芽，3月下旬到5月中旬之前采制。春茶又可细分为明前茶、雨前茶和谷雨茶。春季温度适中，雨量充分，茶树经过冬季的休养生息，茶芽肥硕，色泽翠绿，叶质柔软。相较于夏秋茶来说，春茶的内含物质更加丰富，尤其是氨基酸，使春茶滋味更加醇爽高鲜，香气宜人。

2.夏茶

一般指5月初至7月初采制的茶叶。夏茶的采摘，正逢炎热的夏季，茶树的新梢生长迅速，夏茶中花青素、咖啡碱、茶多酚含量增加，而氨基酸含量少，溶入茶汤的水浸出物减少，茶汤滋味和香气不如春茶强烈，较春秋茶苦涩。夏天适制红茶，苦涩味降低，还会有明显的甜香，滋味醇厚。

3.秋茶

一般指8月中旬以后采制的茶叶。历经春茶和夏茶的采收，茶芽内含物质相对减少，叶片大小不一，厚度明显降低，口感汤质偏薄，叶底发脆，叶色较黄。古人有言，"春茶苦，夏茶涩，要好喝，秋白露"中的"秋白露"就是指秋茶。由于秋天气候比较干燥，使得茶叶在成长、采摘和制作的过程中能够最大限度地保持茶叶的香气。所谓"春水秋香"说的就是秋茶的高香，比起春夏茶，秋茶滋味淡薄不苦不涩，比较平和。秋天适合制乌龙茶，香气佳，韵味足。

4.冬茶

一般指10月下旬开始采制的茶叶。冬茶是在秋茶采完后，气候逐渐转冷后生长的。因冬茶新梢芽生长缓慢，内含物质逐渐增加，所以滋味醇厚，香气浓烈，不苦不涩，口感独特。但因为会影响春茶的产量和品质，冬季采制的茶叶产量相当有限。

（二）按生长环境分类

1.平地茶

平地茶，指生长在平地或低海拔地区的茶叶，是相对于高山茶而言的。平地茶种植规模较大，一般离人群较近，环境相对差一些，管理起来比较容易，且产量更高。平地茶新梢短小，芽叶较小，叶底坚薄，叶面平展，叶色黄绿欠光润。加工后的茶叶较细瘦，身骨较轻，香气较低，滋味较淡。

2.高山茶

高山茶是指产自海拔较高山区的茶，一般海拔600米以上地区生长的均为高山茶。高山茶新梢肥壮，芽叶肥硕，色泽翠绿，茸毛多，嫩度好。加工后的茶叶条索肥硕紧结，白毫显露，香气浓郁且耐冲泡，叶底明亮，故有"高山云雾出好茶"的说法。

（三）按制作工艺分类

茶叶的分类方法多种多样。著名茶学家陈椽于1989年在《茶叶分类的理论与实践》一文中，依据茶叶加工工艺、茶多酚的氧化程度及品质特征不同，将茶叶分为"绿茶、黄茶、黑茶、白茶、青茶和红茶"六大基本茶类（见表5-1）。由于历史原因，一直以来很多人把"青茶"称为"乌龙茶"，但陈椽认为，作为一大类茶叶的名称，称之为"青茶"更为科学合理。2023年4月，由安徽农业大学茶树生物学与资源利用国家重点实验室主任宛晓春教授牵头制定的国际标准ISO 20715：2023《茶叶分类》正式颁布。该标准沿用陈椽教授提出的绿茶、黄茶、黑茶、白茶、青茶（乌龙茶）、红茶"六大基本茶类"和2014年10月27日实施的中华人民共和国国家标准GB/T 30766—2014《茶叶分类》的茶叶分类方法，标志着我国在茶叶国际标准化建设方面取得了重大突破。（图见第07页"六大基本茶类"）

表5-1　六大基本茶类主要品质特征

茶类	主要品质特征	代表性名茶
绿茶	●绿茶是一种不发酵茶类，原料细嫩，"外形绿、汤色绿、叶底绿、滋味鲜爽"是绿茶的主要品质特征。	湖北恩施玉露，浙江的西湖龙井、安吉白茶，河南信阳毛尖，江苏洞庭碧螺春，贵州都匀毛尖，安徽的黄山毛峰、太平猴魁、六安瓜片，四川的竹叶青。
红茶	●红茶是一种全发酵茶类，原料细嫩，"红汤红叶、滋味甜醇"是红茶的主要品质特征。	福建的正山小种、闽红，安徽的祁红，云南的滇红，江西的宁红，湖北的宜红，广东的英红，四川的川红，浙江的越红。
青茶（乌龙茶）	●青茶俗称乌龙茶，是一种半发酵茶类，采摘成熟度较高的驻芽新梢的叶片，具有"香高味醇、绿叶红镶边"的主要品质特征。	闽北武夷岩茶、闽南铁观音，广东凤凰单丛和岭头单丛，台湾文山包种和白毫乌龙。
黑茶	●黑茶是一种全发酵（后发酵）茶类，经过渥堆后茶叶的多酚含量减少，汤色转黄偏红，滋味醇和。	湖南安化黑茶，湖北青砖茶，四川南路边茶和西路边茶，陕西茯茶，云南普洱熟茶，广西六堡茶。
白茶	●白茶是一种微发酵茶类，原料上要求鲜叶茸毛多。白茶外形舒展，白毫满披，汤色清亮，滋味鲜醇。	福建福鼎白毫银针和政和白毫银针、白牡丹、贡眉、寿眉。
黄茶	●黄茶是一种微发酵茶类，"黄叶黄汤"、香气清幽、滋味醇和是黄茶的主要品质特征。	湖南的君山银针，浙江的莫干黄芽，四川的蒙顶黄芽，湖北的远安鹿苑茶，湖南的北港毛尖、沩山毛尖，浙江的平阳黄汤，安徽的黄小茶、霍山黄大茶，广东的大叶青。

🫖 任务引入

两个学生去买奶茶，开启了关于茶底的对话：

学生A：我想买大红袍牛乳茶。

学生B：可以呀，那你知道大红袍属于什么茶吗？

学生A：看名字应该是红茶。

学生B：不对，大红袍属于乌龙茶。

学生A：为什么？乌龙茶和红茶有什么区别？

学生B：我最近看了一本介绍我国名茶的书，上面写了大红袍属于乌龙茶，还有什么绿茶、红茶、白茶等，只是我不太清楚这些茶类之间有什么不同。

学生A：嗯，我们待会儿去了解一下吧。

任务分析

本案例中，同学A和同学B聊到奶茶茶底的类型，重点是"大红袍属于什么茶"，学生A从名字认为是红茶，学生B则从一本介绍我国名茶的书里知道"大红袍属于乌龙茶"，还聊到"乌龙茶和红茶有什么区别"的话题。

中国茶叶历史悠久，各种各样的茶类品种万紫千红，竞相争艳。六大基本茶类下又各有不同的品类，每种品类的品质特征各有异同，它们共同在中国辽阔的大地上铺展出一幅绚丽多彩的茶叶画卷。中国名茶就是浩如烟海的诸多花色品类茶叶中的珍品。"中国十大名茶"代表了中国茶叶品种品质与生产制作工艺之最，也显现出中国茶文化的独特魅力，其中每一大名茶都蕴涵了悠久的历史和动人的传说。但这"中国十大名茶"，不同时期有着不同说法（见表5-2）。

表5-2 中国十大名茶评选

评选时间	评选机构	评选名单
1915 年	巴拿马万国博览会	洞庭碧螺春、信阳毛尖、西湖龙井、君山银针、黄山毛峰、武夷岩茶、祁门红茶、都匀毛尖、六安瓜片、安溪铁观音
1959 年	中国"十大名茶"评比会	洞庭碧螺春、南京雨花茶、黄山毛峰、庐山云雾茶、六安瓜片、君山银针、信阳毛尖、武夷岩茶、安溪铁观音、祁门红茶
1999 年	《解放日报》	江苏碧螺春、西湖龙井、安徽毛峰、安徽瓜片、恩施玉露、福建铁观音、福建银针、云南普洱茶、福建云茶、庐山云雾茶
2001 年	美联社和《纽约日报》	黄山毛峰、洞庭碧螺春、蒙顶甘露、信阳毛尖、西湖龙井、都匀毛尖、庐山云雾、六安瓜片、安溪铁观音、苏州茉莉花茶
2002 年	《香港文汇报》	西湖龙井、江苏碧螺春、黄山毛峰、湖南君山银针、信阳毛尖、祁门红茶、安徽六安瓜片、都匀毛尖、武夷岩茶、福建铁观音
2017 年	中国国际茶叶博览会	西湖龙井、信阳毛尖、安化黑茶、蒙顶山茶、六安瓜片、安溪铁观音、普洱茶、黄山毛峰、武夷岩茶、都匀毛尖

任务实施

　　六大基本茶类因所用原材料和加工工艺不同而形成了各种品类,每个品类都具有独特的品质特征。具体内容见表5-3。(图见第08-09页"六大茶类的主要品类")

表5-3　六大茶类主要品类及其品质特征

茶类	主要品类	品质特征
绿茶	蒸青绿茶	●干茶外形呈条形,色泽绿,内质汤色浅绿明亮,香气鲜爽,滋味甘醇,叶底青绿,如湖北的恩施玉露。
	炒青绿茶	●干茶外形色泽不及蒸青绿润,稍偏黄,内质汤色黄绿明亮,香气浓郁持久,滋味鲜爽,叶底黄绿明亮。按外形不同,炒青绿茶又可分为长炒青、圆炒青、扁炒青等。如西湖龙井、碧螺春、信阳毛尖等。
	烘青绿茶	●干茶外形条索细紧,显锋毫,色泽绿油润,汤色清澈明亮,香气为嫩香或清香且高长,滋味鲜醇,叶底匀整、嫩绿明亮。如黄山毛峰、太平猴魁等。
	晒青绿茶	●主要可分为云南的晒青绿茶和湖北的老青毛茶。干茶外形条索壮实肥硕,白毫显露,色泽深绿油润,内质汤色黄绿明亮,有晒青气,滋味浓爽,富有收敛性,耐冲泡,叶底肥厚。
红茶	小种红茶	●产自福建,有正山小种、外山小种和烟小种三类。正山小种品质优异,产于武夷山星村桐木关,其色泽乌黑,外形条索紧结,内质汤色红明,呈深琥珀色,滋味甘醇,具有天然的桂圆味及特有的松烟香(分烟种和无烟种)。
	工夫红茶	●因在初制时揉捻工艺要求条索完整,以及精制时精工细作而得名,具有原料细嫩,外形条索紧结、匀齐,色泽乌润,内质汤色红亮,香气馥郁,滋味甜醇,叶底明亮等品质特征。如安徽的祁红、云南的滇红、广东的英红等。
	红碎茶	●根据外形可分为叶茶、碎茶、片茶和末茶四种规格,其外形颗粒重实匀齐,色泽乌润,内质汤色红艳,香气馥郁,滋味浓强鲜爽,叶底红匀。
青茶(乌龙茶)	闽北青茶	●有武夷岩茶、闽北水仙和闽北乌龙三种,其中以武夷岩茶品质较为突出。武夷岩茶外形条索肥壮紧结匀整,带扭曲条形,叶背起蛙皮状砂粒,俗称"蛤蟆背",色泽油润带宝光,内质汤色橙黄明亮,香气馥郁持久,滋味醇厚回甘,汤中带香,叶底柔软匀亮,边缘朱红或起红点,耐冲泡。
	闽南青茶	●普遍的品质特征为:外形卷曲,颗粒紧结重实,色泽砂绿油润,内质汤色绿黄明亮,香气清高持久,滋味醇厚回甘,叶底柔软有红点。如铁观音、本山、毛蟹、黄金桂、永春佛手等。

（续表）

茶类	主要品类	品质特征
	广东青茶	●主要有单丛（凤凰单丛和岭头单丛）、水仙、乌龙（石古坪乌龙、大埔西岩乌龙）等。以凤凰单丛品质为例，其外形条索紧结肥壮，匀整挺直，褐润有光，内质汤色金黄清澈明亮，香气有天然花香且持久，滋味浓爽回甘，汤中带香韵味显，叶底黄带红边，柔软明亮。
	台湾青茶	●主要分为发酵程度较轻的包种和发酵程度较重的乌龙两大类。白毫乌龙别名东方美人、膨风茶和香槟乌龙，其发酵程度最重，由被小绿叶蝉吸食后的鲜叶加工而成，外形条索紧结，身骨较轻，白毫显露，枝叶相连，白、绿、红、黄、褐多色相间似花朵，内质汤色橙红，香气果蜜香显，滋味醇和甘甜带蜜果香，叶底浅褐色有红边，成朵。
黑茶	湖南黑茶	●用黑毛茶存放后再加工生产。干茶外形条索紧直，色泽黑褐油润，汤色橙黄明亮，香气纯正或略带松烟香，滋味醇和微涩，叶底绿褐或黄褐。根据原料嫩度和工艺不同可分为"三尖三砖一花卷"七大品类。
	云南黑茶	●指普洱熟茶，散茶按品质从高到低可分为特级和一、三、五、七、九共六个等级，外形条索肥壮，紧结重实，色泽红褐，特级金毫显，内质汤色红浓明亮，香气陈香显，滋味醇厚回甘，叶底红褐。普洱熟茶的紧压茶外形端正匀称，松紧适度，不起层脱面，色泽红褐，内质汤色红浓明亮，香气陈香显，滋味醇厚回甘，叶底红褐。
	四川边茶	●产于四川省和重庆市地区，历史久远，有南路边茶和西路边茶之分。南路边茶，茶叶粗老含有茶梗，叶张卷折成条，色泽棕褐，内质香气纯正，有陈香，滋味平和，汤色黄红明亮，叶底棕褐粗老。西路边茶主要有方包茶、茯砖两类。方包茶品质特点：蔑包方正，四角紧实，色泽黄褐，老茶汤色红黄，香气纯正，滋味平和，叶底黄褐多梗。茯砖品质特征：砖形完整，松紧适度，黄褐显金花，内质汤色红亮，香气纯正，滋味纯和，叶底棕褐。
	湖北老青茶	●主产于湖北咸宁地区，原料成熟度较高，以晒青毛茶为原料进行渥堆转化成黑毛茶，经过蒸汽压制成型，干燥后包装成青砖茶，其外形砖面光滑，棱角整齐，紧结平整，色泽青褐，纹理清晰，内质汤色橙红，香气纯正，滋味醇和，叶底暗褐。
	广西六堡茶	●因主产于广西苍梧县的六堡乡而得名，距今有两百年的生产历史。其品质以"红、浓、陈、醇"为风味特征，在东南亚市场大受青睐。传统六堡茶品质特征为：外形条索粗壮，色泽黑褐光润，内质汤色浓明亮，槟榔香，滋味浓醇，叶底红褐。

（续表）

茶类	主要品类	品质特征
白茶	白毫银针	●以大白茶或水仙茶树品种的单芽为原料，有北路银针、南路银针两种，均出产自福建，北路银针产于福鼎，南路银针产于政和，前者比后者滋味更清鲜，后者比前者芽头更肥壮，茸毛更多，滋味更醇厚。白毫银针外形芽针肥壮，多茸毛，色泽银亮，内质汤色清澈，香气清鲜带毫香，滋味清鲜微甜。
	白牡丹	●以大白茶或水仙茶树品种的一芽一、二叶为原料，外形自然舒展，二叶抱芯，色泽灰绿，内质汤色橙黄清澈明亮，毫香显，滋味鲜醇，叶底芽叶成朵，肥嫩匀整。
	贡眉	●以有性系品种茶树的一芽二、三叶嫩梢为原料，茶芽较小，外形叶态卷，有毫心，色泽灰绿偏黄，内质汤色橙黄亮，香气鲜纯，等级高的带毫香，滋味较鲜醇，叶底黄绿，叶脉带红。
	寿眉	●以大白茶、水仙或有性系茶树品种的嫩梢和叶片为原料，其品质外形叶态紧卷，色泽灰绿稍深，内质汤色橙黄，香气纯正，滋味醇厚尚爽，叶底等级高的带有芽尖，叶张尚软。
黄茶	黄芽茶	●原料为单芽，外形呈针形或雀舌形，全芽，色泽嫩黄，内质汤色杏黄明亮，香气较清鲜，滋味鲜醇回甘，叶底肥嫩黄亮。如湖南的君山银针、浙江的莫干黄芽和四川的蒙顶黄芽等。
	黄小茶	●鲜叶原料为一芽一叶至一芽二叶，干茶外形多样，有条形、扁形和兰花形，色泽黄青，内质汤色黄绿明亮，香气清高，滋味醇厚回甘，叶底柔软黄亮。如湖北的远安鹿苑茶，湖南的北港毛尖和沩山毛尖，浙江的平阳黄汤，其中沩山毛尖因在干燥过程中采用烟熏，香气具有松烟香。
	黄大茶	●鲜叶原料相对粗老，多为一芽多叶或者对夹叶，干茶外形条索卷略松，带茎梗，色泽黄褐，内质汤色深黄明亮，香气纯正或有锅巴香，滋味醇和，叶底尚软黄尚亮，有茎梗。如安徽霍山黄大茶和广东大叶青。

知识拓展

再加工茶类

以绿茶、红茶、青茶（乌龙茶）、黑茶、白茶和黄茶的毛茶或精制茶为原料进行再加工制得的茶叶产品，统称为再加工茶。不同花色的再加工茶品质特征差异很大，根据再加工方式，可粗略将再加工茶划分为花茶、紧压茶、袋泡茶、粉茶等。

一、花茶

花茶，也称熏制茶或香片，多以烘青绿茶作为茶坯，以茉莉花、白兰花、玫瑰花、桂花等鲜花为花坯窨制而成。茶引花香，增益香味，花促茶味，相得益彰，以其不见花影只闻花香的特质，孕育着属于中国人的浪漫。可用于窨制花茶的香花有数十种，配以不同的茶类窨制，形成了丰富的花茶产品，如茉莉银毫、玫瑰红茶等（见表5-4）。花茶的主要特征就是馥郁的花香与醇厚的茶味相结合，比如最常见的茉莉花茶的品质特征表现为香气鲜灵浓郁，汤色黄亮明净，滋味鲜爽浓醇。

二、紧压茶

紧压茶，又称压制茶，是毛茶经过精制后在外力作用下压制而成一定形状的茶，常见的有砖茶、饼茶和沱茶等。品质特征表现为紧压形状规整，通常砖形茶要求砖面平整、棱角分明、厚薄一致、花纹图案清晰；饼茶和沱茶则要求外形圆整、端正、紧实。

三、袋泡茶

袋泡茶，是将经拼配后的精制茶原料封存于特定材质的过滤材料包装小袋内，以便于饮用的再加工茶。根据袋泡茶原料的不同，市场上有与六大茶类以及花草茶相对应的袋泡茶产品。合格的袋泡茶应该具有其对应品类茶叶固有的特征，尤其是香气和滋味方面，没有非茶异味和夹杂物，无任何添加剂，茶包内茶叶原料颗粒均匀。

四、粉茶

粉茶，是指以茶叶为原料，经特定加工工艺制成的具有一定粉末细度的产品，包括各种花色品种的速溶茶粉、超微茶粉以及末茶等。合格的粉茶，外观形态应呈均匀粉状，无杂质，粒径大小符合相关标准；色泽、香气、滋味等感官品质应与其相对应的茶类尽可能保持一致，无异味。

表5-4　代表性花茶的品质特征

代表性花茶	适合的茶叶类型	品质特征
茉莉花茶	●花茶中的主要产品，由茶叶和茉莉花窨制而成，适合窨制绿茶和白茶。	●茉莉花茶的外形有针芽形、松针形、扁形、珠圆形、卷曲形、圆环形、花朵形、束形等。优质茉莉花茶内质香气鲜灵浓郁，滋味鲜醇或浓醇鲜爽，汤色嫩黄或黄亮明净，叶底匀齐。
玫瑰花茶	●由茶叶和玫瑰鲜花窨制而成，适合窨制红茶。	●玫瑰红茶具有甜香浓郁、滋味甜醇的品质特点。

（续表）

代表性花茶	适合的茶叶类型	品质特征
桂花茶	●由茶叶和桂花窨制而成，适合窨制绿茶、红茶、乌龙茶。	●桂花绿茶香气浓郁持久，滋味鲜醇，汤色绿黄明亮，叶底嫩黄明亮。 ●桂花乌龙外形壮实，色泽褐润，香气高雅，滋味醇厚回甘，汤色橙黄明亮，叶底深褐柔软。 ●桂花红茶色泽乌润，香气浓郁，滋味甜醇，汤色红亮，叶底红匀。
兰花茶	●多以茶叶和兰花（惠兰、珠兰等）窨制而成，适合窨制绿茶和白茶。	●兰花茶条索紧细匀整，汤色嫩黄明净，滋味鲜爽甘醇，叶底黄绿细嫩，清幽、高雅、持久的兰香与浓爽的茶味相得益彰。

任务考核·理论考核

1.（单选题）以下不属于六大茶类的是（ ）。

A.绿茶 B.黄茶 C.花茶 D.青茶

2.（单选题）以下茶类中，发酵程度最高的是（ ）。

A.白茶 B.黑茶 C.黄茶 D.青茶

3.（单选题）"清汤绿叶、滋味鲜爽"是（ ）特有的品质特征。

A.红茶 B.青茶 C.黄茶 D.绿茶

4.（单选题）"黄叶黄汤"是（ ）特有的品质特征。

A.红茶 B.乌龙茶 C.黄茶 D.黑茶

5.（单选题）以下不属于绿茶的是（ ）。

A.大红袍 B.西湖龙井 C.黄山毛峰 D.安吉白茶

6.（多选题）以下属于黄茶的是（ ）。

A.沩山毛尖 B.信阳毛尖 C.广东大叶青 D.君山银针

7.（多选题）以下属于白茶主要品质特征的是（ ）。

A.微发酵茶类 B.白毫满披 C.汤色清亮 D.滋味鲜醇

8.（多选题）以下属于黑茶主要品质特征的是（ ）。

A.苦涩味强烈 B.汤色偏绿 C.滋味醇和 D.后发酵茶类

9.（多选题）以下属于青茶的是（ ）。

A.东方美人 B.信阳毛尖 C.凤凰单丛 D.武夷岩茶

10.（多选题）以下属于黑茶的是（ ）。

A.广西六堡茶 B.普洱茶 C.安溪铁观音 D.四川边茶

11.（判断题）根据茶叶加工工艺、茶多酚的氧化程度及品质特征不同，将茶叶分为"绿茶、黄茶、黑茶、白茶、青茶和红茶"六大基本茶类。　　　　　　　　　　（　　）

12.（判断题）夏茶新梢芽生长缓慢，内含物质丰富，滋味醇厚，香气浓烈，不苦不涩。　　　　　　　　　　　　　　　　　　　　　　　　　　　　　　　　（　　）

13.（判断题）高山茶新梢肥壮，芽叶肥硕，色泽翠绿，茸毛多，嫩度好，香气浓郁，耐冲泡。　　　　　　　　　　　　　　　　　　　　　　　　　　　　　　　（　　）

14.（判断题）代表性黑茶主要包括湖南黑茶、云南黑茶、四川边茶、湖北老青茶和广西六堡茶等。　　　　　　　　　　　　　　　　　　　　　　　　　　　　　（　　）

15.（判断题）根据杀青和干燥工艺的不同，绿茶可分为蒸青绿茶、炒青绿茶、烘青绿茶和杀青绿茶。　　　　　　　　　　　　　　　　　　　　　　　　　　　　　（　　）

【答案】

1.C	2.B	3.D	4.C	5.A
6.ACD	7.ABCD	8.CD	9.ACD	10.ABD
11.√	12.×	13.√	14.√	15.×

任务考核·实操考核

表 5-5　茶叶分类实训要求

实训场景	茶叶分类实训。
实训准备	●老师提前给学生发布茶叶分类实训任务，要求学生提前做好准备。 ●老师印制评分表，分发给全班同学。
角色扮演	●全班分为几个小组，4~5人一组，其中一人为组长，其余为组员。 ●各组组长分别领取6个茶样。 ●各组分工完成所给茶样的类型鉴别。
实训规则与要求	●每人完成一份茶叶分类鉴别表，并讨论鉴别结果。 ●每组选派一个代表发言,将本组茶样的类型鉴别结果和依据说清楚。
模拟实训评分	见表5-6。

表 5-6　茶叶分类实训评分表

序号	项目	评分标准	分值	得分
职业素养项目（30分）				
1	仪容 仪表	精神饱满（3分），表情自然（3分），具有亲和力（4分）。	10	
2		形象自然优雅，妆容着装得体自然（5分）；没有多余的小动作（5分）。	10	
3		口齿清楚，语调自然（5分）；语速适中，节奏合理，表达自然流畅（5分）。	10	
汇报项目（70分）				
4	茶叶分 类实训 汇报	能准确汇报本组6个茶样类型的鉴别结果。	5	
		能清晰全面地介绍绿茶茶样的判断依据：形态、嫩度、色泽（5分）、香气、滋味和叶底等（5分）。	10	
5		能清晰全面地介绍红茶茶样的判断依据：形态、嫩度、色泽（5分）、香气、滋味和叶底等（5分）。	10	
6		能清晰全面地介绍黄茶茶样的判断依据：形态、嫩度、色泽（5分）、香气、滋味和叶底等（5分）。	10	
7		能清晰全面地介绍白茶茶样的判断依据：形态、嫩度、色泽（5分）、香气、滋味和叶底等（5分）。	10	
8		能清晰全面地介绍黑茶茶样的判断依据：形态、嫩度、色泽（5分）、香气、滋味和叶底等（5分）。	10	
9		能清晰全面地介绍黄茶（乌龙茶）茶样的判断依据：形态、嫩度、色泽（5分）、香气、滋味和叶底等（5分）。	10	

（续表）

序号	项目	评分标准	分值	得分
10		语言表达：逻辑性强，思路清晰，表达流畅、简洁，无多余废话和口头语。	5	
总分（满分为100分）				
教师评价				

任务 **6**
茶叶加工

🫖思维导图

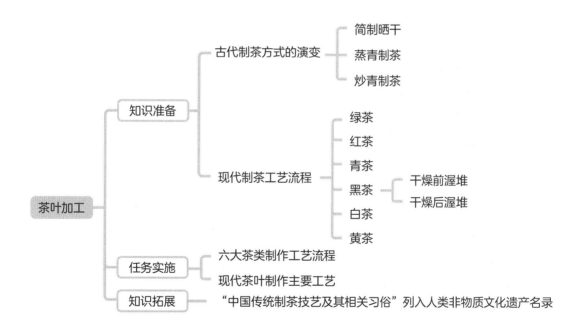

🫖学习目标

1.知识目标：了解古代制茶方式的演变、现代制茶主要工艺流程及其目的。

2.技能目标：阐述六大茶类的加工工艺流程，简要介绍六大茶类主要工艺流程及其目的。

3.思政目标：热爱中国茶文化，感受茶叶制作的精益求精，培养工匠精神。

🫖 知识准备

一、古代制茶方式的演变

（一）简制晒干

茶之为用，最早从咀嚼茶树的鲜叶开始，发展到生煮羹饮。"生煮"类似现代的煮菜汤，如云南基诺族至今仍有吃"凉拌茶"习俗——将鲜叶揉碎放碗中，加入少许黄果叶、大蒜、辣椒和盐等作配料，再加入泉水拌匀。至于茶作羹饮，有《晋书》记"吴人采茶煮之，曰茗粥"，到了唐代，仍有吃茗粥的习惯。三国时，魏国出现了茶叶简单加工，采摘的茶叶先做成饼，晒干或烘干，这是制茶工艺的萌芽。

（二）蒸青制茶

1.蒸青饼茶

由于初步加工的饼茶仍有很浓的青草味，经反复实践，人们发明了蒸青制茶法。即将茶的鲜叶蒸后碎制，饼茶穿孔，贯串烘干，去其青气。但这种茶仍具苦涩味，于是又通过洗涤鲜叶、蒸青压榨、去汁制饼等工艺，努力降低茶叶的苦涩味。

唐至宋代，贡茶兴起，成立了贡茶院，即制茶厂，组织官员研究制茶技术，从而促使制茶工艺不断改革。唐代蒸青作饼已经逐渐完善，陆羽《茶经·之造》记述："晴，采之。蒸之，捣之，拍之，焙之，穿之，封之，茶之干矣。"即此时蒸青茶饼制作的完整工序为：蒸茶、解块、捣茶、装模、拍压、出模、列茶晾干、穿孔、烘焙、成穿、封茶。

宋代，制茶技术发展很快，新品不断涌现。北宋年间，做成团片状的龙凤团茶盛行。据宋代赵汝砺《北苑别录》记述，龙凤团茶共有六道制造工序：蒸茶、榨茶、研茶、造茶、过黄、烘茶。即茶芽采回后，先浸泡水中，挑选匀整的芽叶进行蒸青，蒸后冷水清洗，然后小榨去水，大榨去茶汁，去汁后置瓦盆内兑水研细，再入龙凤模压饼、烘干。

2.蒸青散茶

龙凤团茶的制作工序中，冷水快冲可保持绿色，提高了茶叶质量，但由于水浸和榨汁容易夺走茶的真味，使茶香和滋味受到极大损失，且整个制作过程耗时费工；后来，在蒸青团茶的生产中，为了改善苦味难除、香味不正的缺点，逐渐采取蒸后不揉不压，直接烘干的做法，将蒸青团茶改造为蒸青散茶，保持茶的香味。这就出现了对散茶的鉴赏方法和品质要求。《宋史·食货志》载："茶有两类，曰片茶，曰散茶"，片茶即饼茶。元代王桢在《农书·卷十·百谷谱》中，对当时蒸青散茶的制作工序有详细记载："采讫，一甑微蒸，生熟得所。蒸已，用筐箔薄摊，乘湿揉之，入焙，匀布火，烘令干，勿使焦。"

由宋至元，饼茶、龙凤团茶和散茶同时并存。到了明代，由于明太祖朱元璋于1391年下诏废龙团兴散茶，使得蒸青散茶大为盛行。

（三）炒青制茶

相对于饼茶和团茶而言，茶叶的香味在蒸青散茶中能得到更好的保留，但香味依然不够浓郁。这就出现了利用干热发挥茶叶香气的炒青技术。

实际上，炒青绿茶自唐代已有之。唐刘禹锡在《西山兰若试茶歌》中有言："山僧后檐茶数丛……斯须炒成满室香"，又有"自摘至煎俄顷余"之句，说明嫩叶经过炒制而满室生香。这是迄今发现的关于炒青绿茶最早的文字记载。经唐、宋、元代的进一步发展，炒青茶逐渐增多。到了明代，炒青制法日趋完善，在《茶录》《茶疏》《茶解》中均有详细记载。其制法大体为：高温杀青、揉捻、复炒、烘焙，工艺与现代炒青绿茶制法已经非常相似。明代散茶的成功推广，让炒青制茶工艺成熟化。至清代，品茶的工序和工具则变得更加完善。

二、现代制茶工艺流程

现代茶叶在加工过程中，除了确保茶叶自然的香气和滋味得以保存，还要重视成品茶的外形。制茶师和茶农们从茶的鲜叶从不发酵、半发酵到全发酵一系列不同发酵程度所引起茶叶内质的变化中，探索到茶叶加工规律，从而使茶叶通过不同的制造工艺，逐渐形成了在色、香、味、形等方面具有不同品质特征的六大茶类（见图6-1）。下面简要介绍六大茶类的初制工艺。

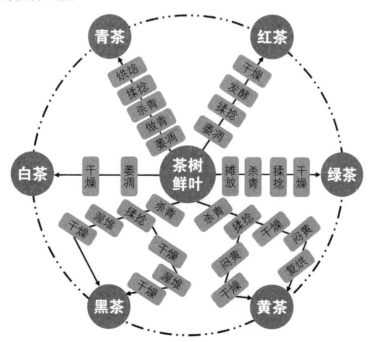

图6-1 现代六大茶类制作工艺流程图

（一）绿茶

绿茶的基本初制工艺流程为：摊放→杀青→揉捻（或不揉捻）→干燥。

1.摊放

摊放，是绿茶初制加工的第一道工艺。通过对鲜叶集中摊放处理，激发鲜叶内酶的活性，散发一部分水分，使含水率降低，叶质柔软，便于做形。另一方面，摊放使茶叶在散发青气的同时生成更多有利于品质形成的物质，使游离氨基酸、可溶性糖增加，酯型儿茶素减少。

2.杀青

杀青在绿茶初制工艺中起到关键作用，其目的是利用高温破坏鲜叶内酶的活性，抑止多酚类等物质进一步酶促氧化。在杀青过程中，鲜叶青气大量散发，同时保留青叶中大部分内含成分，以形成绿茶"清汤绿叶"的特色。杀青方法主要有：锅炒杀青、热风杀青、蒸汽杀青和滚筒杀青等。

3.揉捻

揉捻，是通过外力作用使茶叶面积不断缩小或形成弯曲形状的过程，同时破坏茶叶内细胞和细胞内液泡等的生物膜，使多酚类物质与氧化酶充分接触。揉捻既丰富了茶叶外形特征，又促进茶叶内在品质风味的形成。

4.干燥

干燥，是指通过各种形式的外源热量，使茶叶水分含量降低至足干，使茶叶便于贮藏，在前几道工艺的基础上进一步提升茶叶的色、香、味、形等各方面特色。因此，干燥主要起到稳固和提升茶叶品质的作用。绿茶干燥有烘干、炒干、晒干和烘炒结合等几种方式。

（二）红茶

红茶的基本初制工艺流程为：萎凋→揉捻（或揉切）→发酵→干燥。

1.萎凋

萎凋，是鲜叶在常温或适度加温下长时间交替放置的过程。鲜叶摊放的厚度随着萎凋的进行由薄变厚。萎凋不同于摊放，该过程既有水分散失的物理变化，也有化学变化，促进茶叶中大分子物质转化成简单小分子物质，也为揉捻打下基础，对茶叶色、香、味的品质形成都有重要影响。

2.揉捻

红茶揉捻不仅仅是为了做形，更是为下一步发酵做准备，如果揉捻不充分，细胞内膜损伤少，多酚氧化酶与多酚类等物质无法充分接触，将导致发酵不足。

3.发酵

发酵，是红茶加工中的关键工序。红茶"发酵"与食品加工中的微生物发酵并非同一个概念。发酵过程中，茶叶内的多酚类物质在多酚氧化酶、过氧化物酶等作用下发生酶促氧化聚合反应，叶色逐渐由绿→绿黄→黄→黄红→红等依次转变，生成茶黄素、茶红素、茶褐素等物质，伴随着氨基酸、可溶性糖增加等一系列化学反应，为滋味和汤色品质的形成奠定基础，同时挥发性化合物的转化可促进青臭味散失，使得甜香、花果香显现。因此，发酵是红茶形成"红汤红叶"特征的重要工序。

4.干燥

红茶干燥是为了及时制止发酵，防止过度发酵，固定品质。但在干燥前期，多酚类氧化还在进行，为了及时制止氧化反应，干燥分毛火和足火两个阶段。毛火高温短时，抑制大量氧化反应；足火低温长时，固定最终品质。

（三）青茶

青茶的基本初制工艺流程为：萎凋→做青（摇青与晾青反复交替进行）→杀青→揉捻→烘焙。

1.萎凋

萎凋，是青茶加工的第一步，其目的是降低鲜叶含水量，促进酶的活性和叶内成分的化学变化，进一步散发青气，为做青阶段做准备。萎凋至叶面失去光泽，梗弯而不断，手捏富有弹性即可。萎凋按方式不同可分为三种：自然萎凋、日光萎凋和控温萎凋。自然萎凋是将鲜叶静置于室内，均匀摊放约3~6个小时，控制鲜叶失水率为10%~15%；日光萎凋需利用早上或傍晚的阳光进行2~3次翻晒，促使水分均匀散失；控温萎凋适用于阴雨天的鲜叶加工，提高萎凋的环境温度，促进水分加速散失。

2.做青

做青，是青茶加工独有的工艺，为摇青和晾青反复交替进行的过程。摇青是指通过外力使青叶进行跳动、旋转和摩擦等规律运动，让青叶外缘组织受到机械损伤的过程，其目的是促进内含物的酶促氧化等系列反应；晾青则是在室内或者阳光下静置处理，使得青叶水分进一步降低，有利于茶青的嫩茎向叶面输送水分等物质。摇青和晾青反复进行，以促使青茶形成香高、味醇的优良品质。

3.杀青

杀青，是为了固定做青形成的品质，且进一步散发青气，提升茶香，同时减少茶叶水分含量，使叶张柔软，有利于揉捻成形。

4.揉捻

青茶的揉捻原理与其他茶类类似，但不同品类青茶的揉捻程度不同，有揉捻程度较轻的闽北乌龙茶与广东乌龙茶，而闽南乌龙茶采用包揉工艺，其揉捻程度较重。颗粒型乌龙茶需进行包揉工艺，包含包揉（压揉）、松包解团、初烘、复包揉（复压揉）、定型等工序。机械包揉使用包揉机、速包机和松包机配合反复进行，历时约3~4个小时。

5.烘焙（干燥）

烘焙工艺原理与干燥相同，但与其他茶类的干燥工艺有所不同，其主要区别在于耗时长、温度稍低与次数多等，利于青茶"香高味醇"品质的进一步形成。

（四）黑茶

黑茶的基本初制工艺流程分两种：

干燥前渥堆：杀青→揉捻→渥堆→干燥。

干燥后渥堆：杀青→揉捻→干燥→渥堆→干燥。

渥堆是黑茶加工独有的工艺，也是形成黑茶品质特征的关键工艺。渥堆工艺的原理，主要在于湿热作用和微生物参与反应，即茶叶经过长时间高温、高湿的堆放处理，以多酚类非酶促氧化为主，单糖和氨基酸含量增加，同时也有微生物参与，促使内含物发生一系列复杂的化学变化，并产生一些有色物质，所以在渥堆过程中要保障氧气供应，不能渥堆过紧，需适时翻堆，以防茶叶酸馊变质。如普洱茶（熟茶）加工属于干燥后渥堆工艺，其渥堆时间长达数十天，在其渥堆后期有微生物参与反应，促进了普洱茶（熟茶）品质风味的形成。

（五）白茶

白茶的基本初制工艺流程为：萎凋→干燥。

1.萎凋

白茶加工的工艺流程较为简单，但对加工环境与品质把控要求较高，尤其在萎凋阶段，加工的外部环境条件如温、湿度与光照强度都会影响白茶的最终品质，且萎凋工艺耗时较长，往往长达30~72个小时。

白茶按不同萎凋工艺可进一步分为自然萎凋、加温萎凋和复式萎凋三种。自然萎凋，是指采用室内自然萎凋与日光晾晒萎凋交替进行的方法；加温萎凋，是指雨天时采用室内控温设备促进萎凋的方法；复式萎凋，是指自然萎凋与加温萎凋交替进行的方法。

2.干燥

白茶干燥工艺与其他茶类相似。传统白茶干燥温度较低，一般采用低温长时至足干。

（六）黄茶

黄茶的基本初制工艺流程为：摊放→杀青→揉捻→闷黄→干燥（部分黄茶是干燥后闷黄）。

闷黄是黄茶加工独有的工艺，是指将杀青、揉捻或初烘后的茶叶趁热堆积，使茶坯的茶叶内的生化成分在湿热或干热作用下发生一系列非酶促热化学反应，为黄茶色、香、味的品质奠定基础。闷黄是在绿茶的加工工艺基础上，在干燥工艺之前或之后阶段增加的一道工艺，是黄茶形成"黄叶黄汤"品质特征的关键。

🫖 任务引入

两个学生在喝鸭屎香柠檬茶时,聊起了"鸭屎香"的制作方法。

学生A:这个茶为什么叫"鸭屎香"?是跟鸭屎一起煮出来的吗?

学生B:不可能加鸭屎,就像猫屎咖啡并没有加猫屎的呀。

学生A:那这个茶是怎么做出来的?

学生B:嗯,我也很好奇,我们一起去查查吧。

🫖 任务分析

本案例中,同学A和同学B聊到鸭屎香的制作,对于鸭屎香的来历都颇为好奇。

其实此"鸭屎"非彼"鸭屎"。

鸭屎香(现在也有叫"银花香"的)原产自广东省潮州市潮安区凤凰镇坪坑头村,属于广东乌龙茶,干茶条索紧结,乌褐油润,滋味醇厚,花香馥郁持久高扬,有特殊的奶香味。"鸭屎香"名虽不雅,但作为凤凰单丛的名种,可谓"大俗即大雅"。关于其名称的由来,有两个说法。第一,土壤说。因为茶叶长在当地的黄土壤上,俗称鸭屎土。第二,保护说。鸭屎香香气浓郁高扬,当地人喝过后都称赞此茶香气好,韵味浓,纷纷询问是何名丛,什么香型。茶茶农怕别人偷自己的茶树,故意谎称"鸭屎香"。

鸭屎香的制作与其他凤凰单丛的制作工艺一样,主要包括萎凋、做青、杀青、揉捻、烘焙等工序。

🫖 任务实施

生在土里,长在树上,升华在热锅中,贮藏在罐里,涅槃重生于杯水间,此乃茶的整个生命之旅。在制茶过程中,同样的茶叶鲜叶,不同加工工艺、不同发酵程度、不同干燥方式等,会引起茶叶内质的一系列不同变化,制成色、香、味、形等品质特征不同的六大茶类,即绿茶、白茶、黄茶、青茶(乌龙茶)、红茶、黑茶(见表6-1、表6-2)。虽然不同茶类加工方法不同,但都是从采摘茶树的鲜叶加工开始,所以在制茶过程中有些加工工艺是相通的。

表 6-1 六大茶类制作工艺流程

茶类	主要工艺流程	发酵程度
绿茶	鲜叶→摊放→杀青→揉捻(或不揉捻)→干燥	不发酵
白茶	鲜叶→萎凋→干燥	微发酵(5%~10%)
黄茶	鲜叶→摊放→杀青→揉捻→闷黄→干燥	微发酵(10%~20%)

（续表）

茶类	主要工艺流程	发酵程度
青茶（乌龙茶）	鲜叶→萎凋→做青（摇青与晾青反复交替进行）→杀青→揉捻→烘焙	半发酵（15%~70%）
红茶	小种红茶：鲜叶→萎凋→揉捻→发酵→过红锅→复揉→烟焙	全发酵（70%~100%）
	工夫红茶：鲜叶→萎凋→揉捻→发酵→烘干	
	红碎茶：鲜叶→萎凋→揉切→发酵→烘干→切碎	
黑茶	鲜叶→杀青→揉捻→晒干→渥堆→紧压	全发酵（100%）

表 6-2　现代茶叶主要制作工艺

工艺名称	主要操作方式和内容	主要目的
萎凋	●萎凋，是将茶鲜叶摊放静置，叶片及枝梗适度脱去水分，促进叶内化学成分变化的工序。 ●萎凋方法：日光萎凋（日晒）、室内萎凋（摊晾、萎凋槽或萎凋机）、复式萎凋。	前期，茶鲜叶水分散失，细胞张力减小，柔韧性增强，便于后续揉捻做形。 后期，随着细胞水分的散失，细胞液浓度升高，酶活性逐渐增强，可以为发酵提供物质基础。
杀青	●杀青，是蒸发茶叶内水分，用高温破坏酶活性的工序。 ●杀青方法：锅炒杀青、滚筒机杀青、蒸汽杀青。 ●注意：杀青过程中的投叶量、杀青温度、杀青程度会影响成茶品质。	利用高温钝化酶的活性，从而有效阻止多酚类物质的酶促氧化。 鲜叶水分大量蒸发，使得叶质变软，便于揉捻造型。 消除青草气，产生茶香。
揉捻	●揉捻，指用人力或机械的摩擦力使芽叶卷紧成条，是塑造外形和形成内质的重要工序。 ●揉捻方法：手工揉捻和机器揉捻。	揉捻后的萎凋叶因叶组织受损造成茶汁外溢，极大地促进了多酚类化合物的酶促氧化，为茶叶内含物的形成奠定基础，增强茶汤滋味。 揉捻时叶片在摩擦力和压力的双重作用下卷紧成条，便于造型。
做青	●做青，是青茶（乌龙茶）品质形成的核心工艺，摇青与晾青多次反复交替进行，是有效控制鲜叶水分与酶促氧化进程的工序。 ●做青方法：手工圆筛摇青、滚筒机械摇青。	实现梗叶间的走水，达到叶脉与叶肉间水分平衡与物质输送的效果，为一系列生化反应提供充分的物质基础。 导致叶边缘组织适度的损伤，诱导酶活性增强。 形成绿叶红镶边，提高茶香。

（续表）

工艺名称	主要操作方式和内容	主要目的
发酵	●发酵，是红茶加工的核心工序。指茶叶在一定温度、湿度和供氧条件下，以多酚类化合物的酶促氧化为主的一系列复杂化学变化的过程。 ●发酵设备：发酵筐、发酵车、发酵机。	儿茶素类物质在多酚氧化酶的作用下发生连续氧化，形成"茶三素"，即茶黄素、茶红素和茶褐素。茶叶内其他物质发生变化，有色物质和部分香气物质形成。青草气类挥发性物质进一步挥发或转化，形成茶香。
闷黄	●闷黄，是黄茶品质形成的关键工序，也是茶叶物质变化围绕湿热作用展开的工序。 ●闷黄方法：湿坯闷黄、干坯闷黄。	促进干茶和茶汤色泽的形成。提升茶叶滋味和香气。
渥堆	●渥堆，是黑茶品质形成的关键工序。渥堆过程中，茶叶原料在一定温度、湿度和氧气等条件下，因微生物与湿热作用而发生的一系列化学变化的工序。 ●渥堆方法：渥堆池。	内含物发生系列变化，使茶叶醇和，粗青气消失。多酚类化合物发生以非酶促氧化为主、酶促氧化为辅的变化，形成多种氧化产物，使滋味醇和、色泽转为暗褐。微生物作用形成黑茶特有的风味物质。
干燥	●干燥，是通过高温蒸发水分、固定茶叶品质，发生一系列热化学反应的脱水过程。 ●干燥方法：炒干、烘干、晒干。	蒸发水分，固定品质，促进茶叶色泽、滋味和香气的形成。茶叶体积收缩，便于收藏。

知识拓展

"中国传统制茶技艺及其相关习俗"列入人类非物质文化遗产名录

北京时间2022年11月29日晚，我国申报的"中国传统制茶技艺及其相关习俗"在摩洛哥拉巴特召开的联合国教科文组织保护非物质文化遗产政府间委员会第17届常会上通过评审，列入联合国教科文组织人类非物质文化遗产名录。

"中国传统制茶技艺及其相关习俗"共涉及浙江、福建、北京、江苏、江西、湖南、安徽、湖北、河南、陕西、云南、贵州、四川、广东、广西等15个省市区在内的44个国家级非遗代表性项目，涵盖绿茶、红茶、青茶（乌龙茶）、白茶、黑茶、黄茶、再加工茶等39项传统制茶技艺和5项相关习俗（见表6-3），是有关茶园管理、茶叶采摘、茶的手工制作，以及茶的饮用和分享的知识、技艺和实践。制茶师根据当地的风土，使用炒锅、竹匾、烘笼等工具，运用杀青、闷黄、渥堆、萎凋、做青、发酵、窨制等核心技艺，发展出绿茶、黄茶、黑茶、白茶、青茶（乌龙茶）、红茶六大茶类及花茶等再加工茶，共2000多种茶品，以不同的色、香、味、形满足着民众的多种需求。

该遗产项目世代传承，形成了系统完整的知识体系、广泛深入的社会实践、成熟发达的传统技艺、种类丰富的手工制品，体现了中国人所秉持的谦、和、礼、敬的价值观，对国人的道德修养和人格塑造产生了深远影响。通过丝绸之路、茶马古道、万里茶道等，茶穿越历史、跨越国界，深受世界各国人民喜爱，已经成为中国与世界人民相知相交、中华文明与世界其他文明交流互鉴的重要媒介，成为人类文明共同的财富。

表6-3　"中国传统制茶技艺及其相关习俗"人类非物质文化遗产入选项目清单

省份	项目名称	项目类别	申报地区或单位	代表性传承人
浙江省	绿茶制作技艺（西湖龙井）	传统技艺	杭州市	杨继昌
	绿茶制作技艺（婺州举岩）	传统技艺	金华市	
	绿茶制作技艺（紫笋茶制作技艺）	传统技艺	长兴县	郑福年
	绿茶制作技艺（安吉白茶制作技艺）	传统技艺	安吉县	
	庙会（赶茶场）	民俗	磐安县	
	径山茶宴	民俗	杭州市余杭区	
福建省	武夷岩茶（大红袍）制作技艺	传统技艺	武夷山市	叶启桐 陈德华
	花茶制作技艺（福州茉莉花茶窨制技艺）	传统技艺	福州市仓山区	陈成忠
	红茶制作技艺（坦洋工夫茶制作技艺）	传统技艺	宁德市、福安市	
	乌龙茶制作技艺（铁观音制作技艺）	传统技艺	安溪县	魏月德 王文礼
	乌龙茶制作技艺（漳平水仙茶制作技艺）	传统技艺	龙岩市	
	白茶制作技艺（福鼎白茶制作技艺）	传统技艺	福鼎市	梅相靖
北京市	花茶制作技艺（张一元茉莉花茶制作技艺）	传统技艺	北京张一元茶叶有限责任公司	王秀兰（女）
	花茶制作技艺（吴裕泰茉莉花茶制作技艺）	传统技艺	东城区	孙丹威（女）
江苏省	绿茶制作技艺（碧螺春制作技艺）	传统技艺	苏州市吴中区	施跃文

（续表）

省份	项目名称	项目类别	申报地区或单位	代表性传承人
	绿茶制作技艺（雨花茶制作技艺）	传统技艺	南京市	
	茶点制作技艺（富春茶点制作技艺）	传统技艺	扬州市	徐永珍（女）
江西省	绿茶制作技艺（赣南客家擂茶制作技艺）	传统技艺	全南县	廖永传
	绿茶制作技艺（婺源绿茶制作技艺）	传统技艺	婺源县	万根民
	红茶制作技艺（宁红茶制作技艺）	传统技艺	九江市修水县	
湖南省	黑茶制作技艺（千两茶制作技艺）	传统技艺	安化县	李胜夫
	黑茶制作技艺（茯砖茶制作技艺）	传统技艺	益阳市	刘杏益
	黄茶制作技艺（君山银针茶制作技艺）	传统技艺	岳阳市君山区	
安徽省	绿茶制作技艺（黄山毛峰）	传统技艺	黄山市徽州区	谢四十
	绿茶制作技艺（太平猴魁）	传统技艺	黄山市黄山区	方继凡
	绿茶制作技艺（六安瓜片）	传统技艺	六安市裕安区	储昭伟
	红茶制作技艺（祁门红茶制作技艺）	传统技艺	祁门县	王昶
湖北省	绿茶制作技艺（恩施玉露制作技艺）	传统技艺	恩施市	杨胜伟（苗族）
	黑茶制作技艺（长盛川青砖茶制作技艺）	传统技艺	宜昌市伍家岗区	
	黑茶制作技艺（赵李桥砖茶制作技艺）	传统技艺	赤壁市	
河南省	绿茶制作技艺（信阳毛尖茶制作技艺）	传统技艺	信阳市	周祖宏
陕西省	黑茶制作技艺（咸阳茯茶制作技艺）	传统技艺	咸阳市	
云南省	红茶制作技艺（滇红茶制作技艺）	传统技艺	凤庆县	张成仁
	普洱茶制作技艺（贡茶制作技艺）	传统技艺	宁洱县	
	普洱茶制作技艺（大益茶制作技艺）	传统技艺	勐海县	
	德昂族酿茶制作技艺	传统技艺	德宏傣族景颇族自治州芒市	
	黑茶制作技艺（下关沱茶制作技艺）	传统技艺	大理白族自治州	
	茶俗（白族三道茶）	民俗	大理市	

（续表）

省份	项目名称	项目类别	申报地区或单位	代表性传承人
贵州省	绿茶制作技艺（都匀毛尖茶制作技艺）	传统技艺	都匀市	张子全（布依族）
四川省	绿茶制作技艺（蒙山茶传统制作技艺）	传统技艺	雅安市	
	黑茶制作技艺（南路边茶制作技艺）	传统技艺	雅安市	甘玉祥
广东省	茶艺（潮州工夫茶艺）	传统技艺	潮州市	
广西壮族自治区	黑茶制作技艺（六堡茶制作技艺）	传统技艺	苍梧县	韦洁群（女）
	茶俗（瑶族油茶习俗）	民俗	桂林市恭城瑶族自治县	

任务考核·理论考核

1.（单选题）六大茶类中，加工工艺最简单的是（ ）。

A.绿茶 B.白茶 C.黄茶 D.青茶

2.（单选题）闷黄是（ ）制作的关键加工工艺。

A.红茶 B.黑茶 C.黄茶 D.青茶

3.（单选题）渥堆是（ ）制作的关键加工工艺。

A.红茶 B.青茶 C.黄茶 D.黑茶

4.（单选题）揉捻的主要目的（ ）。

A.便于做形 B.蒸发水分 C.新物质形成 D.提高茶香

5.（单选题）以下（ ）属于不发酵茶。

A.大红袍 B.安化黑茶 C.黄山毛峰 D.广东大叶青

6.（多选题）以下属于绿茶加工工艺的是（ ）。

A.杀青 B.摇青 C.干燥 D.闷黄

7.（多选题）以下属于常见杀青方法的是（ ）。

A.锅炒杀青 B.热水杀青 C.蒸汽杀青 D.滚筒机杀青

8.（多选题）以下（ ）在加工工艺中需要杀青。

A.绿茶 B.白茶 C.红茶 D.黑茶

9.（多选题）以下属于黑茶加工工艺的是（ ）。

A.杀青 B.揉捻 C.渥堆 D.紧压

10.（多选题）以下属于白茶加工工艺的是（ ）。

A.杀青 B.萎凋 C.干燥 D.揉捻

11.（判断题）杀青是红茶最关键的加工工艺。 （ ）

12.（判断题）渥堆，是黄茶品质形成的关键工序。茶叶原料在一定温度、湿度和氧气等条件下，因微生物与湿热作用，会发生一系列理化变化。　　　　　（　）

13.（判断题）萎凋的主要目的是蒸发水分，固定品质，促进茶叶色泽、滋味和香气的形成。　　　　　　　　　　　　　　　　　　　　　　　　　　　（　）

14.（判断题）红茶的加工工艺流程为：萎凋→揉捻→发酵→干燥。　　　（　）

15.（判断题）做青是乌龙茶的核心制作工艺，摇青与晾青反复交替进行。（　）

【答案】

1.B	2.C	3.D	4.A	5.C
6.AC	7.ACD	8.AD	9.ABCD	10.BC
11.×	12.×	13.×	14.√	15.√

🫖 任务考核·实操考核

表 6-4 茶叶加工实训要求

实训场景	茶叶加工实训。
实训准备	●老师提前给学生发布茶叶加工实训任务，要求学生提前做好准备。 ●老师印制评分表，分发给全班同学。
角色扮演	●全班分为 6 个小组，4~5 人一组，其中一人为组长，其余为组员。 ●组长选取一种茶类。
实训规则与要求	●各组根据组长所选的茶类，搜集该茶类制作加工的相关材料。 ●制作该茶类或其代表茶品的加工工艺流程的 PPT，课堂汇报。 ●讲述关键工艺和目的，制作加工视频，互相评分。
模拟实训评分	见表 6-5。

表 6-5 茶叶加工实训评分表

序号	项目	评分标准	分值	得分
职业素养项目（30 分）				
1	仪容仪表	精神饱满（3 分），表情自然（3 分），具有亲和力（4 分）。	10	
2		形象自然优雅，妆容着装得体自然（5 分）；没有多余的小动作（5 分）。	10	
3		口齿清楚，语调自然（5 分）；语速适中，节奏合理，表达自然流畅（5 分）。	10	
汇报项目（70 分）				
4	茶叶加工实训汇报	PPT 展示：PPT 制作简洁、清晰、美观，字体大小合适（10 分）；PPT 内容与实训要求一致，与汇报主题相统一（10 分）。	20	
5		能准确清晰地介绍所选茶类的加工工艺流程：流程顺序（5 分）、工艺内容等（5 分）。	10	
6		能准确清晰地介绍所选茶类的加工工艺主要目的：关键工艺（5 分）、工艺目的等（5 分）。	10	
7		视频：内容能清晰全面地介绍所选茶类的加工工艺（10 分）；画面美观，时间长短适宜等（5 分）。	15	
8		所选茶类加工工艺汇报内容的结构完整。	5	
9		语言表达：逻辑性强，思路清晰（5 分）；表达流畅、简洁，无多余废话和口头语（5 分）。	10	
总分（满分为 100 分）				
教师评价				

项目*3*

茶科技篇

任务 **7**
茶叶应用

🫖 思维导图

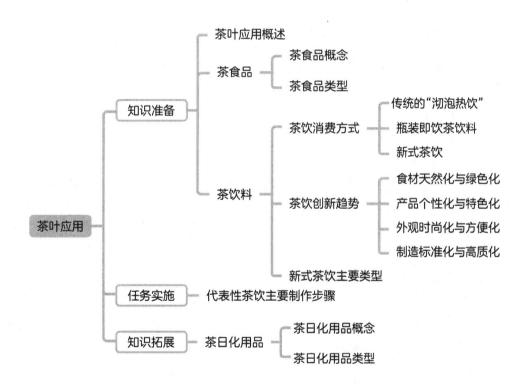

🫖 学习目标

1.知识目标：掌握茶应用与茶食品的含义、茶食品与茶饮料的主要类型、茶饮创新趋势。

2.技能目标：阐述茶饮调制技术和六种代表性茶饮调制步骤。

3.思政目标：感受茶叶深加工的重要性和趣味性，培养茶科技精神。

知识准备

一、茶叶应用概述

茶树鲜叶通过不同的加工工艺，形成六大类初制茶叶及其再加工茶产品。为了适应不同消费者的多样化需求，茶叶应用越来越广泛，茶叶创新产品越来越多样，茶叶深加工研究越来深入。

茶叶应用，主要是指茶叶深加工，指以茶叶生产过程中的茶鲜叶、茶叶、茶叶籽、修剪叶以及由其加工而来的半成品、成品或副产品为原料，通过集成应用生物化学工程、分离纯化工程、食品工程、制剂工程等领域的先进技术及加工工艺，实现茶叶有效成分或功能组分的分离制备，并将其应用到人类健康、饮食、日用化工等领域的过程。茶叶综合应用，是实现茶叶资源可持续利用、提高茶制品科技水平和附加值的有效途径。

随着社会生产力水平的快速提高和人们健康意识的不断增强，具有天然、保健、方便、安全等特性的茶产品深受广大消费者的青睐。20世纪50年代之后，出现了各种茶食品、茶饮料、茶日化品等一大批多元化茶产品，不仅显著提高茶叶的附加值和利用率，拓展茶叶应用领域，延伸茶叶产业链，同时也满足了不同人群的消费需要。

二、茶食品

（一）茶食品概念

随着现代社会经济的不断发展，人们的物质生活得到了明显的改善，人们在饮食方面更加追求营养、健康和绿色。根据研究表明，茶叶中富含各种人体所需的营养物质，如20%~25%的糖分、25%~30%的蛋白质、10%左右的脂肪类化合物和3%左右的有机酸，并富含多种维生素和微量元素，可以为人们提供必要的能量和物质，同时具有调节生理功能。

茶食品，是以茶叶提取物、末茶等茶制品为材料，与冷冻制品、烘焙制品、烹饪制品、休闲产品等食品加工相结合生产出来的特色食品。茶食品集茶叶及食品的功能于一体，不仅可以赋予食品更多的风味特色和保健功效，符合人们对低热量、高营养、保健化、便捷化、多元化的饮食要求，还可以延长食品的保质期，广受国内外消费者喜爱。

（二）茶食品类型

用于茶食品的茶制品可以采用茶叶冲泡后的茶汁进行添加，也可以采用茶提取物、末茶（超微茶粉）等直接添加。目前适制的茶食品主要有冷冻制品、烘焙制品、烹饪菜品、休闲食品等。具体内容见表7-1。（图见第10页"茶食品的主要类型"）

表 7-1 茶食品的主要类型

主要类型	主要茶食品
冷冻茶食品	●冷冻茶食品主要包括茶叶雪糕、棒冰、冰激凌等，以末茶冰激凌为多。茶叶冰激凌的主要原料为茶叶浸取液、速溶茶粉或末茶粉、乳与乳制品、蛋与蛋制品、乳化剂、稳定剂、香料、甜味剂等。
烘焙茶食品	●烘焙茶食品，主要是茶汤、茶粉、茶叶鲜榨汁等几种形式的使用。在制作馅心时加入茶汤或茶粉，可以使面包或蛋糕制品带有清新的茶香。如末茶蛋糕，是在传统蛋糕的生产中加入一定量的茶粉末而制成的。茶粉的加入，既能改善蛋糕的风味品质，又可增加其相应的保健功能。末茶蛋糕的主要原料为茶粉或抹茶粉、面粉、泡打粉、蛋糕油、白砂糖、鲜鸡蛋、牛奶等。
烹饪茶菜品	●烹饪茶菜品是在制作菜肴时，将茶叶当作主料或辅料进行使用，在调味、上浆、挂糊等技术环节广泛使用。以茶叶为主料制作菜肴，如"酥脆碧螺春""茶叶炒鸡蛋"；以茶叶为辅料制作菜肴，如江苏名菜"香煎云雾"，以松子、虾和蛋清为主要原料，云雾茶为辅料；以茶叶为调味料制作菜肴，如"清蒸茶鲫鱼""红茶火锅""龙井虾仁"等。
休闲茶食品	●休闲茶食品是把茶、茶提取物与其他传统食材融合在一起制成的各种含茶休闲食品。有糕点类，如茶饼干、茶酥等；蜜饯类，如茶果脯；糖果类，如茶糖、茶爽、茶果冻等；干果类，如中老年人比较青睐的茶瓜子、茶杏仁等；巧克力类，如绿茶、红茶巧克力等。制作末茶饼干的主要原料为末茶粉、低筋面粉、糖粉、鸡蛋、黄油。

三、茶饮料

随着时代的变迁和需求的变化，作为当今世界三大饮品之一，茶已经成为很多人生活的一部分，全球饮茶人数近30亿。作为中国人心目中的国饮，茶叶的消费方式和产品形态不断发生着迭代和巨大变化，各种新型的茶饮产品不断涌现。

（一）茶饮消费方式

1.传统的"沏泡热饮"

茶源自中国，悠久的中国茶文化和历史造就了中国人的传统饮茶习惯基本为"沏泡热饮"，以单纯的清饮为主，少量混合饮用。

2.瓶装即饮茶饮料

20世纪70到80年代，以美国的调味茶饮料和日本的纯茶饮料为代表的现代液态即饮茶饮料开创了茶叶饮用的新时代，创立了一种工业化、标准化生产的可随时饮用的茶饮新方式，突破了传统茶叶饮用的地域、环境和条件的束缚，显著拓展了茶叶饮用范围和适宜人群。中国液态茶饮料从2000年的85万吨发展到2020年的1500万吨，增长了近18倍，成为一种与传统中国茶叶消费不同的饮用方式。

3.新式茶饮

2010年开始，随着人们对美好生活需求的提高及生活节奏的不断加快，年轻消费者已不满足于茶的传统"沏泡热饮"方式和同质化、无个性的瓶装即饮茶饮料产品，对饮品的"天然""健康""方便"和"时尚"等都有了更高要求。2015年以后，随着互联网、物联网以及各种新型商业模式的创新，具有天然材质、时尚设计、现场制作和方便即饮等特点的新茶饮脱颖而出，新型茶饮企业不断涌现，形成了与传统消费方式和液态即饮茶饮料完全不同的新茶饮消费模式。

（二）茶饮创新趋势

不论是传统茶饮料，还是新式茶饮料，好的茶饮需要在色、香、味、形等各方面有全新的创新设计，以适应食材天然化、产品个性化、设计时尚化、使用方便化的新时代饮品需求。

1.食材天然化与绿色化

随着人们的物质生活从数量型、温饱型向质量型、健康型的转变，作为具有健康概念的茶饮消费必将走向更为天然、绿色的方向，特别是材质将会选用更为健康的天然、绿色、安全的原材料，"低糖、零脂、轻体"的健康理念将更加吸引消费者。

2.产品个性化与特色化

随着茶饮市场的不断细分，茶饮产品将更趋个性化和多样化，针对不同地域、性别、年龄的差异化需求，不同特色的、个性化的茶饮产品将不断涌现。

3.外观时尚化与方便化

茶饮市场消费的主力军是年轻一代，而时尚化、方便化的设计永远是年轻人追求的产品元素，因此如何将茶文化元素、美感及方便化设计有机融合到产品中，满足消费者的需求，将是茶饮产品的重要发展趋势。

4.制造标准化与高质化

考虑到茶叶极易氧化劣变，液态茶饮料的高保真制备和贮运保鲜等技术亟待创新与突破。目前新式茶饮产品较好地解决了人们对天然食材、现调现饮和美观设计的需求，未来将利用现代智能化科技，从全产业链角度解决人力成本高、产品标准化程度低以及卫生等问题。

（三）新式茶饮主要类型

新式茶饮是在传统茶叶消费和工业化茶饮料的基础上，为适应新时代天然、健康、时尚、方便的消费新需求而发展起来的，创制出的产品种类迭代和发展变化很快，不同品牌的产品名称也各不相同，主要有水果茶饮、蔬草茶饮、果奶茶饮、奶制茶饮、奶盖茶饮、冰沙茶饮、鸡尾茶饮、气泡茶饮、冷萃茶饮等，但总体而言，主要有新式奶茶系列、水果茶系列、混合茶系列、新式纯茶系列、末茶系列等几大类产品。具体内容见表7-2。（图见第10页"新式茶饮主要类型")

表7-2　新式茶饮主要类型

工艺名称	基本特点	主要产品
奶茶系列产品	●新式奶茶系列产品是以发酵的红茶、乌龙茶等茶叶为主要原料，配以鲜奶或奶粉、珍珠粉圆、布丁、椰果等材料，经现场加工而成的饮品。 ●具有茶味浓郁、奶香持久、口感爽滑、香醇浓厚等特点，既降低了茶汁的苦涩度，口感更加柔和，又解决了牛奶腻口的问题。 ●有的产品还将牛奶、芝士、动物奶油等打成奶沫覆盖在茶汤上面形成"奶盖"，既可将奶汁和茶汤分开饮用，也可以混合饮用，好喝也好玩，因此受到了年轻人，特别是女性消费者的喜爱。	主要有阿萨姆奶茶、大吉岭奶茶、珍珠奶茶、蛋糕奶茶、炭烧奶茶、黑糖抹茶牛乳、红茶拿铁、幽兰拿铁等产品。
水果茶系列产品	●以各类具有特色香气的茶叶为主要原料，搭配相应的特色水果或混合水果，经现场加工和美化设计包装而成。 ●既可柔化茶的苦涩味，又可增加茶风味的丰富性和多样性，同时具有更好的外观美感，非常适合对茶叶的苦涩味有抵触的、关注色泽和外观的年轻女性、儿童的饮用。	主要有四季春、水果茶、百香果茶、金菠萝、多肉车厘、多肉葡萄、满杯香水柠、霸气绿宝石等各类花色产品。
混合茶系列产品	●以相配套的茶和花、果蔬等为主要材料，配以奶、芝士、可可、咖啡、酒等进行增味，经现场调制和美化设计包装而成。 ●混合茶改善了传统茶叶香气浓郁度和丰富度不足的缺憾，具有较高的视觉美感、别具新意的口感和丰富的营养价值，风味、外观、色彩更为多样，容易吸引年轻女性。	主要有桂花乌龙、玫瑰乌龙、樱花乌龙等以花和茶叶组合而成的花茶饮系列，蔬果茶、草本茶、菌菇茶等蔬草茶饮系列，以及酒或饮料、果汁、汽水加入茶汤混合而成的鸡尾茶饮系列等产品。
纯茶系列产品	●以优质特色的绿茶、乌龙茶、花茶等为主要原料，通过现场手工泡制和外观美化设计包装而成。 ●选择香气浓郁、滋味鲜爽或醇爽的茶叶为原料，采用长时间冷泡或快速热泡的特殊制作方式，现场加工成香气独特、浓郁和滋味鲜醇可口的特色茶汤，适合对纯茶苦涩感和热量摄入量比较敏感的人群饮用。	主要有纯绿茶、纯四季春、纯金兰乌龙、纯金凤茶王、冷泡冻顶乌龙、冷泡阿里山初露、冷泡凤凰单丛等特色纯茶产品。
末茶系列产品	●以色亮绿、味鲜醇、特色香为特点的末茶为主要原料，通过添加鲜奶、奶酪、动物奶油、糖浆以及可可、冰块等各种辅、配料，通过搅拌、打奶、冰块打碎等特殊的加工方法，并经过外观美化设计处理而成。 ●既具有末茶的特殊色泽和风味，又解决了奶制品口感厚腻的问题，形成口感和外观都比较特殊的茶饮产品。	主要有末茶拿铁、末茶星冰乐、末茶可可、末茶牛乳等产品。

🫖 任务引入

茶艺室里，三位同学饶有兴趣地讨论起自己最喜爱的茶饮料，以及对其"情有独钟"的原因。

学生A：你们最喜欢的茶饮料是什么？

学生B：芝士绿妍！

学生C：霸气芝士草莓！

学生A：我好喜欢茶颜悦色的幽兰拿铁，包装有特色，味道有个性。

学生B：喜茶的芝士绿妍，喝了一次让我至今难忘，清新可口，香味迷人。

学生C：我还是最爱喝奈雪的茶的霸气芝士草莓，名字也不错，喝了浑身舒服。

学生A：你们知道如何做出来的吗？

学生B：应该是把茶、牛奶、果汁等混合在一起，哈哈。

学生C：那先放什么，后放什么？我也很想知道如何做。

🫖 任务分析

本案例中，同学A、同学B和同学C三人讨论起自己最喜爱的茶饮料，以及对其"情有独钟"的原因。学生A喜欢"茶颜悦色的幽兰拿铁，包装有特色，味道有个性"，学生B最难忘"喜茶的芝士绿妍，清新可口，香味迷人"，学生C最爱喝奈雪的茶的"霸气芝士草莓，名字也不错，喝了浑身舒服"，但并不了解这些茶饮料是"如何做出来"的。

新式茶饮吸引消费者的关键在于有好的创意，主要从材料选择、配方设计、制作工艺和外观及包装方式等方面进行创新设计。

第一，材料创新。根据消费者需要，通过对特色香气、滋味和色泽的茶叶以及特色水果、奶、糖等配料的选择，对茶饮产品进行创新。如我国许多特色乌龙茶、花茶等具有明显的风味差异性，可以采用这些材料创制出风味明显不同的茶饮产品。

第二，配方创新。选择合适的茶叶，搭配相适应的花、果、奶等配料，形成与众不同的茶饮产品，是创新茶饮的重要技术手段，其中茶叶、配料及其配比等是主要考虑因素，要考虑茶叶及配料间的适应性和协调性，最好是能相互提升。

第三，制作创新。制作是茶饮品质形成的关键技术环节。新茶饮调制方法主要有醹茶法、调和法、摇和法、搅拌法、兑和法等（图见第11页"茶饮品的调饮技术"），其中传统冰饮水果茶、奶茶常采用醹茶法调制，热饮常采用调和法，果肉冰茶系列常采用搅拌法，奶盖茶、气泡茶饮系列常采用兑和法。茶叶冷泡与传统热泡的风味差异极大，冷泡能够凸显茶鲜爽、淡雅的品质特点，越来越被消费者喜爱。

第四，外观创新。茶饮包装的时尚文化与外观设计是吸引现代人特别是年轻人的重要因素。很多品牌通过个性化的外观吸引年轻消费者，注重外观设计是新式茶饮与传统茶饮产品的重要区别之一。

表7-3　创新茶饮品的调饮技术

调饮技术	主要操作内容	提示
酾茶法	●酾茶法主要运用于萃取茶汤。 ●运用茶水分离的冲泡方法，获取浓度适宜的茶汤。	注意茶水比、冲泡温度、出汤时间等技术参数。不同茶类可选择适当器具。
兑和法	●将配方中的原料和其他配料按所需的分量，以比重大的配料优先于比重小的配料为原则，依次倒入饮杯中。 ●用调匙棒紧贴杯壁慢慢倒入，不可以搅拌，使饮品分出层次，比重小的原料漂浮在上面。	配方中有酒和牛奶时，需要选用密度低的脱脂奶，避免全脂牛奶与酒精发生作用，产生沸腾效应，打乱饮品的分层效果。
调和法	●按配方要求的分量，将原料与几种配料依序倒入饮杯中，用调匙棒顺着同一方向搅拌均匀。 ●如果是冷饮，可加入冰块一起搅拌，然后用滤冰器过滤冰块后，斟入事先用冰块冷却的饮杯中。	调和时动作要轻、稳、快，防止溅出。
摇和法（分为双手摇和单手摇）	●在调饮壶中放入适量冰块，按配方要求依次放入原料和各种配料，按技术要求摇晃调饮壶，摇均匀后过滤冰块，倒入饮杯中。 ●双手摇的方法是左手中指托住底部，食指、无名指及小指握住器身，用力摇晃。 ●单手摇晃时使用右手，食指压住壶盖，其他四指和手掌握住壶身，运用手腕的力量来摇晃，使饮品原料得到充分的混合。	配方中如含有碳酸饮料的配料，不能放入调饮壶中摇动，应在其他原料调好后直接加入。
搅拌法	●把原料和碎冰按配方要求放入搅拌机中，启动电动搅拌机高速运转8~10秒，使各种原料充分混合后，连冰块带原料一起倒入饮杯中。	配料加入的顺序一般为果蔬、浓茶汤、糖浆、冰块。

🍵任务实施

　　根据所选物料、制作方式的不同，茶饮产品如今已经衍生出成百上千款新式茶饮料，它们外观靓丽，注重健康，口感丰富。表7-4为从选料简单、制作方便等角度所选取的6款代表性茶饮产品。（图见第10页"代表性新式茶饮"）

表7-4 代表性茶饮主要制作步骤

茶饮名称	主要步骤	主要原料
鸳鸯奶茶	●热水冲泡茶汤，注意浸泡时间约2~3分钟。 ●将奶精粉、热红茶汤放入调饮壶中搅拌均匀。 ●加入炼乳、果糖和冰块（放满调饮壶）后，摇壶至壶外壁产生雾气。 ●将调饮壶中的茶汤倒入饮杯。 ●慢慢将咖啡倒入饮杯。	红茶3克，热水150毫升，奶精粉3勺，炼乳10毫升，果糖10毫升，无糖意式浓缩咖啡50毫升，冰块适量。
柠檬冰红茶	●按1:35的茶水比、90℃水温冲泡红茶，约5分钟后出汤备用。 ●将柠檬清洁后擦干，切小块。 ●依序将柠檬块、茶汤放入果汁机中，高速搅打10秒，过滤果汁渣，倒出茶汤至饮杯中。 ●将果汁机清洗干净，倒入滤出的茶汤，依序加入黄柠檬糖浆、黄糖浆、冰块，高速搅打2~3秒至碎冰状。 ●慢慢倒入饮杯中。	红茶6~7克，水250毫升，绿柠檬1/3个，黄柠檬1/3个，黄柠檬糖浆30毫升，黄糖浆20毫升，冰块250克。
迷迭乌龙茶	●迷迭香用手拍打，使其释出香味，再涂抹于杯子内缘、杯口及杯身。 ●依序将浓基底乌龙茶、绿柠檬汁、迷迭柠檬糖浆、乌龙茶冰块放入果汁机，用高速搅打2~3秒钟，呈碎冰状即可倒入杯中。 ●裁剪一株较为新鲜的迷迭香，放入玻璃杯中作装饰。	新鲜迷迭香若干株，浓基底乌龙茶250毫升，绿柠檬汁10毫升，迷迭柠檬糖浆40毫升，乌龙茶冰块120克。
甘草枸杞红枣茶	●将原料清洗干净，红枣切片。 ●将所有原料放入壶内，用沸水焖泡8~10分钟。 ●出汤至品杯中，加入冰糖调味品饮。或用撮泡法，直接在盖碗中冲泡品饮。	红茶1克，沸水200毫升，甘草3片，枸杞8~10粒，红枣3颗，冰糖适量。
玫瑰蔓越莓冰茶	●将玫瑰红茶放入茶壶中，注入沸水，浸泡约5分钟后，将泡好的玫瑰红茶滤入茶杯，冷却至常温。 ●取一个玻璃杯，倒入原味糖浆（或蓝莓薰衣草糖浆）和蔓越莓汁，搅拌均匀。 ●再往玻璃杯中加满冰块，倒入冷却好的玫瑰红茶。	玫瑰红茶1茶匙（2克），沸水150毫升，蔓越莓汁30毫升，原味糖浆15毫升，青柠片1片，玫瑰花瓣1片，冰块适量。
椰子菠萝绿茶	●将绿茶放入茶壶中，注入80℃热水，浸泡约5分钟后，将泡好的绿茶滤入茶杯，冷却至常温。 ●取一个玻璃杯，将原味糖浆、椰子水和12片菠萝片放入玻璃杯中，再用捣棒碾压，直至菠萝混合物呈浓稠状。 ●玻璃杯中加满冰块，倒入冷却好的绿茶。 ●将装饰菠萝片切成适当大小，和樱桃一起用木签串起来，放入玻璃杯中作装饰。	椰子水30毫升，原味糖浆15毫升，菠萝片12片，装饰菠萝片1~2片，樱桃1个，冰块适量。

🫖知识拓展

茶日化用品

随着人们生活水平的提高和科学技术的高速发展,天然绿色健康、具有强大功效的日化用品得到越来越多消费者的青睐。20世纪70年代开始,人们对茶叶中茶多酚、茶氨酸、茶皂素等功效成分的研究不断深入,开始开发和应用各类含茶日化用品,特别是近几年,各类含茶日化用品因为其天然、高效的特点逐渐为市场所接受,得到了快速的发展。

一、茶日化用品概念

茶日化用品是指利用茶鲜叶、成品茶,或是茶园、茶厂的副产品、下脚料为原料,运用相应的加工技术制成的日常生活用品。由于茶叶中富含茶多酚、茶氨酸、茶皂素等具有抗氧化、抗衰老、提高免疫力和乳化等作用的生物活性物质,故茶日化用品也往往具有抗菌、消炎、抗衰老等多种健康功效。

二、茶日化用品类型

随着茶叶有效成分与人类健康关系的研究越来越深入,茶叶功能成分应用的领域也越来越广泛。依据所开发新产品的功能、特性、消费人群不同,对茶叶提取物的质量规格要求越来越精细化、特殊化,越来越多溶解性好、稳定性好、安全性高、生物利用度高、功能独特的含茶制品面市,满足人们个性化需求。目前,茶日化用品主要包括日常洗涤用品、护肤化妆品、家居日用品和口腔护理品等4类。具体内容见表7-5。(图见第12页"茶日化用品的主要类型")

表 7-5 茶日化用品主要类型

主要类型	主要茶日化用品
洗涤日用品	●在普通洗涤日用品配方中加入茶皂素或其他茶叶成分,泡沫稳定性更好,去污能力强,除腥效果好。如香皂、洗发乳、洗面奶、洗手液、洗洁精等。茶叶洗面奶一般采用末茶或茶叶提取物(如茶多酚)等作为主要材料,添加至传统洗面奶中加工而成,主要利用茶多酚、氨基酸、维生素、矿物质、蛋白质等营养成分增进皮肤机能、清除自由基,从而达到美容养颜的目的。
护肤化妆品	●茶叶在化妆品领域应用较广,一般是在日常使用的护肤膏霜、防晒霜、乳液中添加茶叶成分,由于茶叶的自然属性及功效,受到消费者普遍推崇。如抹茶面膜,是利用抹茶或茶提取物中的茶多酚、茶氨酸、维生素、矿物质、蛋白质等功效成分,获得增进皮肤机能、清除自由基等美容养颜的功效。

（续表）

主要类型	主要茶日化用品
家居日用品	●在家庭生活中，茶叶被加工成床上用品，比如用茶叶制成的茶枕，软硬适中，透气性好，加上天然的茶叶香气，深受消费者的喜爱。衣服、裤子、鞋子、袜子、毛巾等也可以添加茶叶成分。由于茶叶中含有各种芳香物质，含茶的家居日用品具有清脑消疲、益思去烦、杀菌驱虫等效果。
口腔护理品	●含茶口腔护理品主要有茶牙膏、茶叶漱口水、口腔清洁水等产品。如含茶牙膏，只要在常规药物牙膏制作工艺中添加茶多酚，基于茶多酚的杀菌、除异味功效，这些牙膏就能有效杀菌洁齿，祛除口腔异味，减少牙菌斑。

任务考核·理论考核

1. （单选题）茶叶消费方式中，（ ）突破了传统茶叶饮用的地域、环境和条件的束缚，拓展了茶叶饮用范围和适宜人群。

A．沏泡热饮 B.瓶装即饮 C.新式茶饮 D.末茶饮品

2. （单选题）很多品牌通过个性化的包装吸引年轻消费者，这属于（ ）。

A．材料创新 B.配方创新 C.制作创新 D.外观创新

3. （单选题）茶粉添加于蛋糕，可改善蛋糕的风味品质和（ ）。

A.色泽 B.香气 C.保健功能 D.形状

4. （单选题）玫瑰乌龙属于新式茶饮的（ ）系列产品。

A.奶茶 B.混合茶 C.水果茶 D.末茶

5. （单选题）传统冰饮水果茶、奶茶常采用（ ）调制而成。

A.酽茶法 B.调和法 C.搅拌法 D.兑和法

6. （多选题）目前适制的茶食品主要有（ ）等类型。

A．冷冻制品 B.烘焙制品 C．烹饪菜品 D.休闲食品

7. （多选题）20世纪50年代之后，出现了（ ）等多元化茶产品。

A.茶食品 B.茶饮料 C.茶日化用品 D.茶药品

8. （多选题）茶食品中保留了茶叶主要营养成分，满足人们对低热量、（ ）等饮食需求。

A.多元化 B.高营养 C.保健化 D.便捷化

9. （多选题）除了新式纯茶系列，新式茶饮主要类型还有（ ）。

A.奶茶系列 B.水果茶系列 C.混合茶系列 D.末茶系列

10. （多选题）茶日化用品具有（ ）等功效。

A.抗菌 B.消炎 C.抗衰老 D.抗疾病

11. （判断题）含茶雪糕、棒冰、冰激凌等都属于休闲茶食品。 （ ）

12. （判断题）茶叶综合应用，是实现茶叶可持续利用、提高茶制品科技水平和附加值的有效途径。 （ ）

13. （判断题）用于茶食品的茶制品可以采用茶叶冲泡后的茶汁进行添加，不能利用茶的提取物、末茶等（超微茶粉）直接添加。 （ ）

14. （判断题）新式茶饮是在传统茶叶消费和工业化茶饮料基础上，为适应新时代天然、健康、时尚、方便的消费新需求而发展起来的。 （ ）

15. （判断题）茶日化用品主要包括日常洗涤用品、护肤化妆品、家居日用品和口腔护理品等四类。 （ ）

【答案】

1.B　　2.D　　3.C　　4.B　　5.A

6.ABCD　　7.ABC　　8.ABCD　　9.ABCD　　10.ABC

11.×　　12.√　　13.×　　14.√　　15.√

🫖 任务考核·实操考核

表 7-6　新式茶饮调制实训要求

实训场景	新式茶饮调制实训。
实训准备	●老师提前给学生发布新式茶饮调制实训任务，要求学生提前做好准备。 ●老师印制评分表，分发给全班同学。
角色扮演	●全班分为 5 个小组，4~5 人一组，其中一人为组长，其余为组员。 ●组长抽签选择一种新式茶饮类型。
实训规则与要求	●各组根据组长所选的新式茶饮类型，搜集相关材料，进行茶饮产品的创新设计。 ●制作所选新式茶饮类型创新茶品的 PPT，课堂汇报。 ●讲述创新茶饮的名称、特点等。
模拟实训评分	见表 7-7。

表 7-7　新式茶饮调制实训评分表

序号	项目	评分标准	分值	得分
		职业素养项目（30 分）		
1	仪容仪表	精神饱满（3 分），表情自然（3 分），具有亲和力（4 分）。	10	
2		形象自然优雅，妆容着装得体自然（5 分）；没有多余的小动作（5 分）。	10	
3		口齿清楚，语调自然（5 分）；语速适中，节奏合理，表达自然流畅（5 分）。	10	
		汇报项目（70 分）		
4	创新茶品实训汇报	PPT 展示：PPT 制作简洁、清晰、美观、字体大小合适（10 分）；PPT 内容与实训要求一致，与汇报主题相统一（10 分）。	20	
5		能准确清晰地介绍所选新式茶饮类型创新茶品的名称（5 分）、主要特点等（5 分）。	10	
6		能准确清晰地介绍所选新式茶饮类型创新茶品的主要原材料名称（5 分）、分量等（5 分）。	10	
7		能准确清晰地介绍所选新式茶饮类型创新茶品的主要步骤（5 分）及其操作内容等（10 分）。	15	
8		所选新式茶饮类型创新茶品汇报内容的结构完整。	5	
9		语言表达：逻辑性强，思路清晰（5 分）；表达流畅、简洁，无多余废话和口头语（5 分）。	10	
		总分（满分为 100 分）		
教师评价				

任务 **8**
科学饮茶

🫖思维导图

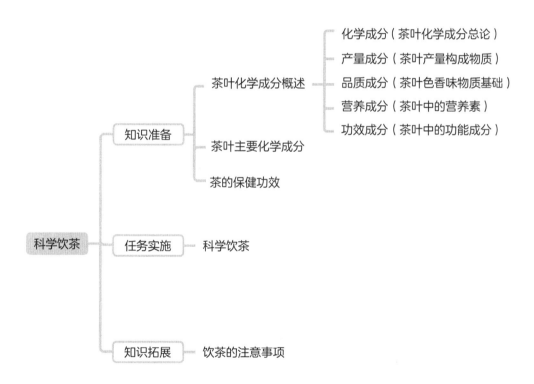

🫖学习目标

1.知识目标:了解茶文化含义、茶文化发展历程、饮茶方式演变和茶文化传播历程。

2.技能目标:阐述不同时期饮茶方式的演变及其特点。

3.思政目标:热爱中国茶文化,领悟茶文化的思想内核,理解中国茶文化对世界的影响。

🫖 知识准备

一、茶叶化学成分概述

茶叶中化学成分丰富,有的是构成茶叶产量的重要组分,有的会对茶叶品质发挥重要作用,还有的能够对机体产生良好的保健作用。

(一)化学成分(茶叶化学成分总论)

茶叶中的化学成分是由无机物(3.5%~7.0%)和有机物(93.0%~96.5%)组成的。目前,茶树中经过分离、鉴定的已知化合物有700多种,其中包括蛋白质、糖类、脂肪、多酚类、氨基酸、生物碱、色素、芳香族化合物以及皂苷等。(图见第12页"茶叶的化学成分")

(二)产量成分(茶叶产量构成物质)

在茶树鲜叶中,水分约占75%,干物质约占25%。构成干物质的物质中,占比最大的分别为蛋白质(20%~30%)、糖类(20%~25%)、茶多酚(18%~36%)、脂类(约8%)四类。因为这四类物质对茶叶干物质重量贡献最大,故将其称为茶叶的产量成分。

(三)品质成分(茶叶色香味物质基础)

品质成分是指影响茶叶色、香、味的成分,主要包括:第一,色素(约1%),影响干茶色泽、汤色及叶底色泽;第二,芳香族化合物质(0.005%~0.03%),影响茶叶的香气;第三,滋味基础物质,主要包括氨基酸(1%~4%)、茶多酚及其氧化产物、咖啡因(2%~4%)、糖类等,其含量和比例的变化深刻影响着茶滋味的改变。

(四)营养成分(茶叶中的营养素)

茶叶具备人体需要的七大食品营养物质:蛋白质、脂质、碳水化合物(淀粉和膳食纤维)、维生素、矿物质及微量元素、水和植物性化合物,其中包括五类人体必需营养素:氨基酸、脂肪酸、维生素、无机盐和黄酮类化合物。

(五)功效成分(茶叶中的功能成分)

功效成分是指能够通过激活体内酶的活性或者其他生理途径来调节人体机能的物质。目前茶叶中研究较多的是茶多酚、咖啡因和茶氨酸三种功效成分。

二、茶叶主要化学成分

茶叶本身是一个多组分共同组合的有机体,主要化学成分各自具有独特的品质特征,具有相应的保健功效,是茶叶整体特色的具体表现(见表8-1)。

表 8-1 茶叶主要化学成分及其主要功效

名称	主要物质	干茶中含量	主要功效
茶多酚	●又称茶单宁，是多酚类化合物，包括儿茶素,黄酮、黄酮醇类，花青素、花白素类以及酚酸类等物质，属于茶叶的一种特征性物质。	在茶叶中含量高，一般占茶叶干重的18%~36%。	●茶多酚是一种优良的天然抗氧化剂，能消除人体内产生的过多的自由基，保护细胞膜的结构，帮助延缓衰老，被誉为人体保鲜剂。具有多种生理活性，如抗氧化、抗衰老、抗肿瘤、保护心脑血管、抗菌、抗病毒以及抗辐射等，是茶叶发挥保健功能的关键成分。
生物碱	●包括咖啡因、可可碱和茶碱，属于茶叶的一种特征性物质。	约占茶叶干物质的2%~5%。	●易溶于热水，味苦，具有十分丰富的生理活性，如通过影响神经系统令人兴奋，提神醒脑，对如帕金森综合征等相关神经退行性疾病具有一定的预防、治疗作用；调节机体内分泌，刺激胃液分泌，健胃消食，提高食欲；增强血管韧性，舒张血管，对心脑血管有一定的保健作用。
氨基酸	●茶叶中的氨基酸有26种，包括20种蛋白质氨基酸以及6种非蛋白质氨基酸。其中含量最高的是茶氨酸，属于茶叶的一种特征性物质。	约占茶叶干物质的1%~4%。	●茶氨酸易溶于水，具有焦糖香以及类似味精的鲜爽味，是构成茶叶鲜爽味的主要成分。茶氨酸是茶叶重要的生理功能物质，具有镇静、抗焦虑、抗抑郁、增强记忆、增进智力以及有效改善女性经前综合征、降低血压、增强抗癌药物疗效等保健功效。
茶多糖	●由糖类、纤维素、果胶和蛋白质等组成，是茶叶中具有生物活性的物质。	含量约0.5%~3.0%。粗老茶中含量较高。	●茶多糖一般具有甜味，具有多种生理功能活性，具有抗辐射、降血糖、提高免疫力等功效。
维生素	●包括脂溶性维生素（维生素 A、维生素 D、维生素 E 等）和水溶性维生素（维生素 B_1、维生素 B_2、维生素 B_6、维生素 C 等）。	约占茶叶干重的0.6%~1.0%。	●是维持人体健康不可缺少的一类微量有机物质，参与调节人体生长、代谢、发育各个过程。可以维持神经、心脏及消化系统的正常机能，有促进创口愈合、抗癌、降血脂、预防动脉硬化等功效。
色素类	●包括脂溶性色素和水溶性色素。脂溶性色素包括叶绿素、类胡萝卜素等；水溶性色素，主要是多酚类物质的氧化产物（茶红素、茶黄素、茶褐素等）。	茶红素在红茶中含量较高，可以达到红茶干物质含量的6%~15%。	●影响茶叶色泽、汤色和叶底色泽的主要成分，具有一定的延缓衰老、美容、抗癌等功效。

（续表）

名称	主要物质	干茶中含量	主要功效
矿物质元素	●茶叶中含有人体所需的常量元素和微量元素。常量元素是指在有机体内含量占比为 0.01% 以上的元素，如磷、钙、钾、钠、镁、硫等；微量元素指的是在有机体中含量占比 0.005%~0.01% 的元素，如硒、氟、铁、猛、锌和碘等。	成茶含量一般不超过 0.5%。	●茶叶中矿物质元素含量虽少，对人体却十分重要。有些元素还是某些酶的辅基，如 Cu 是多酚氧化酶的辅基，Zn 是 DNA 和 RNA 聚合酶的辅基，Se 是谷胱甘肽过氧化物酶的辅基，Fe 是细胞色素氧化酶的辅基等。茶叶中的微量元素与某些蛋白质能形成激素、维生素等物质，在机体内产生特殊的生理功能、特殊的生物学作用和高度生化效应。饮茶还能安全补锌、补硒、补氟，提高免疫力，保护心肌，防龋齿病。

三、茶的保健功效

茶，被称作"万病之药"。中医认为茶叶具有广泛的生理活性，能够起到延年益寿、去脂减肥、提神醒脑等多重作用。现代医学和茶叶生化研究表明，茶叶中含有丰富的保健成分，具有良好的保健功能。对许多威胁人体健康的现代疾病，比如心脑血管疾病、癌症、神经退行性疾病、炎症等均具有一定的药理作用（表8-2）。

表 8-2　茶的主要保健功效

主要保健功效	作用机理	相关记载
延年益寿	●茶叶能延年益寿主要归功于其对自由基的清除作用。自由基是人体代谢的产物，在正常情况下，人体内的自由基不断产生，同时被抗氧化系统清除，机体内自由基水平被控制在一定范围之内，不会对人体产生明显的伤害。然而，当受到某些外界因素影响，导致自由基生成过多，而抗氧化系统难以发挥作用时，就会导致自由基逐渐积累。与蛋白质、DNA、脂类等发生反应，损害机体正常功能，诱发疾病产生，加速衰老。茶叶中的多酚类化合物具有卓越的抗氧化、清除自由基的功效。	在《旧唐书·宣宗纪》里记载：有寺僧年一百三十岁，依然身体健康，精力旺盛。唐宣宗传他进宫，询问长寿健康秘诀。老僧答道："臣少也贱，素不知药性，唯嗜茶，凡属至处，惟茶是求，或饮百碗不厌。"日本荣西《吃茶养生记》："茶也，养生之仙药也，延龄之妙术也。"
提神益思	●茶叶中含有咖啡因，能够刺激神经中枢，提神醒脑，消除疲劳；同时茶叶中富含茶氨酸，是神经松弛剂，使大脑中 α 波增强，α 波可起到镇静安神、平和身心的作用。因此通过饮茶，既可以集中注意力，提神益思，又能舒缓身心，镇静安神。	汉《神农本草经》："茶味苦，饮之使人益思、少睡、轻身、明目。"东汉华佗《食论》："苦茶久食，益意思。"明代李时珍《本草纲目》："使人神思爽，不昏不睡，此茶之功也。"

（续表）

主要保健功效	作用机理	相关记载
杀菌解毒	●茶的解毒功效一直被人们所津津乐道，中医将清热去火的功效称为解毒。茶叶中起杀菌、消炎作用的主要成分是茶多酚和茶皂素。茶叶中的黄烷醇类能间接地对发炎因子组胺产生抵抗作用，茶多酚能凝结细菌蛋白质而致细菌死亡，儿茶素类化合物则对金葡菌、链球菌、伤寒杆菌等多种病菌都具有抑制作用。茶叶中的单宁酸能够与毒物中的重金属离子产生络合反应，从而防止其产生毒害。	清代黄宫绣《本草求真》："茶，味甘气寒，故能入肺清痰利水，入心清热解毒，是以垢腻能降，炙煿能解。"
消食解腻	●茶叶中的儿茶素和咖啡碱能使人体消化道松弛，刺激胃酸分泌，加速肠道蠕动，增进对食物的吸收和同化，改善胃肠道功能，促进食物消化。另外，茶叶中还含有一些具有调节脂肪代谢功能的成分，如维生素类、氨基酸类、脂类、芳香物质等。因此，饮茶可以起到消食、解腻、助消化的作用。	清王椷《秋灯丛话》："北贾某，贸易江南，善食猪首，兼数人之量。有精于岐黄者见之，问其仆，曰：每餐如是，已十有余年矣。医者曰：病将作，凡药不能治也。俟其归，尾之北上，将以为奇货。久之，无恙。复细询前仆，曰：主人食后，必满饮松萝茶数瓯。医爽然曰：此毒唯松萝茶可解，怅然而返。"
保肝明目	●茶叶中含有大量的维生素、茶多酚等物质，能够清肝明目，缓解眼部疲劳，特别是绿茶的明目效果尤为突出。茶多酚能够通过抗氧化作用保护肝脏，避免受损。	明顾元庆《茶谱》："人饮真茶能止渴，消食，除痰，少睡，利水道，明目，益思，除烦去腻，人固不可一日无茶。"
三降：降血脂、降血压、降血糖	●茶叶中丰富的维生素 C 能通过使胆固醇转移至肝脏达到降血脂的作用；茶叶中的咖啡因能提高胃液的分泌量，可帮助消化，增强分解脂肪的能力，有助于降低血脂；茶叶中含的咖啡碱和儿茶素类能使血管壁松弛，扩大血管管径、弹性和渗透能力，达到降血压的作用；茶叶中降血糖的主要成分是葡萄糖、阿拉伯糖、核糖的复合糖，以及儿茶素类、二苯胺，它们能促进胰岛液的大量分泌，减少血糖的来源。	现代国内外相关科研表明。
利水消肿	●茶叶通过其所含的可可碱、咖啡碱和芳香油的综合作用,促进尿液从肾脏中滤出，达到利尿作用。据研究，与同量的水比较，茶的利尿效果高 1.55 倍。	唐代《本草》："茗味甘苦，微寒，无毒，主瘘疮、利小便、去痰、热渴，令人少睡。"

（续表）

主要保健功效	作用机理	相关记载
三抗：防辐射、抗癌变、抗氧化	●茶叶中的多酚类具有吸收放射性锶并阻止其扩散的作用，还能提高放疗的白细胞数，从而起到抗辐射的作用；茶叶中的多酚类和儿茶素类，可抑制和阻断亚硝胺的形成，抑制有些能活化原致癌物的酶系作用，起到抗癌变的作用；茶多酚可以通过直接清除自由基以及增强抗氧化酶的活性，同时降低如过氧化产物丙二醛的含量，发挥抗氧化的作用。	现代国内外相关科研表明。
固齿防龋	●茶叶中所含的鞣质、有机酸和多酚类物质有抑菌作用，可防止牙菌斑的产生。同时茶叶中含氟量较高，每100克干茶中含氟量为10~15毫克，且80%为水溶性成分，能提高牙齿防酸抗龋能力。	宋苏东坡《茶说》："浓茶漱口，既去烦腻，且苦能坚齿，消蠹。"

任务引入

同学A和同学B在茶艺课间，围绕着唐代著名医学家陈藏器在《本草拾遗》中提到的"诸药为各病之药，茶为万病之药"，展开讨论。

同学A：古书上说茶可以医治百病啊，我以后要天天喝茶。

同学B：那你想喝什么茶？

同学A：听说绿茶能美容养颜，我要天天喝绿茶。

同学B：乌龙茶也可以美容，还能减肥，你要不要喝？

同学A：一起喝，减减肥，你想喝什么茶？

同学B：我想喝红茶，但是什么时候喝最好？

同学A：这个我也很想知道。

于是，他们决定一起去了解正确的喝茶时间。

任务分析

本案例中，同学A和同学B关于喝茶的话题展开讨论。首先，同学A认为"茶可以医治百病"，表达欠妥——茶不能医治百病，但可以调和身心，预防生病；接着，同学A又说"绿茶能美容养颜，我要天天喝绿茶"，从科学饮茶的时间和茶性角度看，也不合理，不能天天只喝绿茶。同学B说"想喝红茶，但是什么时候喝最好"，这个问题很有价值。的确，每个人不仅要清楚适合喝什么茶，还要明白应该什么时候喝。总而言之，科学饮茶不仅要因人而异、因茶而异，还要因时而异。

不同的人饮茶后的感受和生理反应相去甚远。一般认为饮茶能够降血压，但那些对咖啡因特别敏感的人饮茶后，则可能会出现血压上升、心跳加快的情况；一般认为饮茶能通便，但有些人饮茶后，会出现便秘的情况；有些人喝绿茶会觉得肠胃不适；有些人喝茶后难以入睡；有些人会"茶醉"，出现心慌、冒冷汗的情况；等等。这些都是由于喝的茶不适合自己的体质而引发的身体不适，所以，应注意依据自己特有的体质选取最适合的茶。

任务实施

目前，茶已成为全球160多个国家和地区人民日常生活中不可缺少的元素，人们选择饮茶不仅是为了解渴，更是因为茶叶有保健功效。中国工程院院士、中国农业科学院茶叶研究所研究员陈宗懋自3岁开始，坚持喝茶80多年，研究茶60多年，他认为："饮茶一分钟，解渴；饮茶一小时，休闲；饮茶一个月，健康；饮茶一辈子，长寿。"喝茶要讲究天时、地利、人和，在不同的季节、不同的时间，不同体质的人要喝不同的茶。知茶性，才能做到饮茶得当；喝对茶，才能起到养生效果（见表8-3）。

注意：传统医学认为，体质各异，饮茶也各异，体质燥热者应多喝凉性茶，体质虚寒者应多喝温性茶，这是总原则。不过，人的体质多为复合型，也会发生变化，非常复杂。建议根据自己当下的体质特征，选择适宜的茶类，保持身心健康和谐。

表 8-3　科学饮茶

科学饮茶	主要原因	不同茶类适宜情况					
		绿茶	白茶	黄茶	青茶	红茶	黑茶
看茶饮茶	●从中医角度看，茶可以分为凉性、中性和温性，应选择适宜类型饮用。	凉性	凉性	凉性	中性	温性	温性
看人饮茶	●平和体质：正常、健康的体质。	适宜	适宜	适宜	适宜	适宜	适宜
	●气虚体质：元气不足，身体虚弱，容易疲劳，容易感冒。	不宜	不宜	不宜	适宜	适宜	适宜
	●阳虚体质：常见的体质，阳气不足，畏寒，冬天会手脚冰凉。	不宜	不宜	不宜	适宜	适宜	适宜
	●阴虚体质：与阳虚体质相反，手心与脚心都很热，冬天不怕冷，但夏天非常怕热，而且容易口干、喉咙干、眼睛干涩，容易便秘。	适宜	适宜	适宜	适宜	不宜	少饮

（续表）

科学饮茶	主要原因	不同茶类适宜情况					
		绿茶	白茶	黄茶	青茶	红茶	黑茶
	●血瘀体质：面色发暗，眼睛里有血丝，牙龈容易出血，磕碰后会出现难以褪去的瘀青。	少饮	少饮	少饮	适宜	适宜	适宜
	●痰湿体质：体形偏胖，极易出汗，腹部肥满松软，皮肤易出油，嗓子里有痰，易困倦。	少饮	少饮	少饮	适宜	适宜	适宜
	●湿热体质：油光满面，易生粉刺，皮肤瘙痒，容易口苦口臭。	适宜	适宜	少饮	适宜	不宜	少饮
	●气郁体质：多愁善感，体形偏瘦，常感到乳房及两肋胀痛。	不宜	不宜	不宜	适宜	少饮	不宜
	●特禀体质：即过敏体质，易患哮喘，易对药物、食物、花粉等过敏。	不宜	不宜	不宜	适宜	不宜	少饮
看时饮茶	●早上：宜饮淡绿茶、花茶或红茶，可稀释血液，润肺益智，提神开胃。	适宜	不宜	不宜	不宜	适宜	不宜
	●午后：适宜饮青茶（乌龙茶）、白茶或绿茶，可消食去腻，提神醒脑。	适宜	适宜	少饮	适宜	不宜	不宜
	●晚上：适宜饮黑茶，可暖胃助消化。	不宜	不宜	不宜	不宜	少饮	适宜
看季饮茶	●春季：万物复苏，养生以养血、护肝为主，适合喝花茶和绿茶，可滋养肝脏、提升阳气、解除春困。	适宜	少饮	不宜	不宜	不宜	不宜
	●夏季：气候炎热，阳气亢盛，暑热湿邪盛，以清热养心为主，适合饮绿茶、白茶、青茶（乌龙茶）等，健脾利湿，清热消暑。	适宜	适宜	少饮	适宜	不宜	不宜
	●秋季：天气干燥，肺脏容易遭受燥邪、寒邪的侵袭，应以养肺为主，适合饮白茶、青茶（乌龙茶）等，神清气爽，润肺降燥。	少饮	适宜	少饮	适宜	不宜	不宜
	●冬季：天气寒冷，易损伤阳气，应补益阳气，适合饮红茶、黑茶，暖脾胃，助消化。	不宜	不宜	不宜	少饮	适宜	适宜

🫖知识拓展

饮茶的注意事项

一、科学饮茶的基本原则

（一）饮量适宜

根据人体对茶叶中有效成分和营养成分的合理需求，并考虑人体对水分的需求，成年人每天饮茶量以5~15克为宜，用水总量控制在400~1500毫升。饮茶过量，对健康不利。

（二）温度适宜

一般情况下饮茶提倡热饮或温饮，避免烫饮和冷饮。长期的高温刺激是导致口腔和食道肿瘤的一个诱因。对于老年人及脾胃虚寒者，则忌饮冷茶。

（三）浓淡适宜

高浓度的茶水中咖啡碱和多酚类等物质含量高，对肠胃产生的刺激大，会抑制胃液分泌，影响消化功能；生物碱将使中枢神经过于兴奋，心跳加快，增加心、肾负担。此外，茶水过浓，还会影响人体对食物中铁等无机盐的吸收。

二、不宜饮茶的人群

以下四类人不宜饮茶：第一，神经衰弱患者不宜饮茶。尤其不要在临睡前饮茶，因为茶叶中的咖啡碱可使人的神经中枢兴奋，因此临睡前饮茶有碍入眠。第二，脾胃虚寒者不宜饮浓茶，尤其是绿茶。因为绿茶性偏寒，并且浓茶中茶多酚、咖啡碱含量都较高，对肠胃的刺激较强，不利于脾胃虚寒者的健康。第三，缺铁性贫血患者不宜饮茶。考虑所服用的药物多为补铁剂，会与茶叶中的多酚类成分发生络合等反应，从而降低补铁药剂的疗效。第四，处于经期、孕期、产期的妇女最好少饮茶或只饮淡茶。茶叶中的茶多酚与铁离子会发生络合反应，使铁离子失去活性，易使处于"三期"的妇女罹患贫血症。

三、饮茶的主要禁忌

中国是最早发现茶、利用茶的国家。中国人对茶的健康功效的认知源自对生活实践的总结，体现于中国传统医学理论中。根据茶的性味特征，饮茶应注意禁忌（见表8-4）。

表 8-4　饮茶的主要禁忌及原因

主要禁忌	原因
忌空腹饮茶	●空腹饮茶会稀释胃液，降低消化功能，还会引起"醉茶"，表现为心慌、头晕、头痛、乏力、站立不稳等。空腹饮茶还会加重饥饿感，严重者可致低血糖性休克。
忌喝隔夜茶	●茶水隔夜久置，易滋生细菌，对肠胃造成刺激，危害身体健康。
忌喝霉变茶	●过期茶叶一旦霉变不能饮用，里面含有多种霉菌毒素，对身体健康的危害很大。
忌饭后马上饮茶	●饭后立即饮茶，会冲淡胃液，影响食物消化，且茶中的单宁酸能使食物中的蛋白质变成不易消化的凝固物质，给胃增加负担，并影响蛋白质的吸收。一般以饭后一小时后饮茶为宜。
忌用茶水服药	●茶叶中含有大量鞣质，可分解成鞣酸，与许多药物结合而产生沉淀，阻碍吸收，影响药效。
忌喝冷茶	●冷茶对身体有滞寒、聚痰的副作用，特别是对于体寒的女性来说，更不宜喝冷茶。一般而言，泡好茶后及时喝完，如果喝不完应倒掉，不可放冰箱后再喝。
忌喝浓茶	●浓茶含有较多咖啡因，刺激性强，易引起头痛和失眠。同时还可以引起心跳过快，对患有心动过速、早搏和房颤的冠心病患者不利。
忌喝烫茶	●淡茶温饮最养人。太烫的茶水对人的咽喉、食道和胃刺激较强，如果长期喝烫茶，可能引起这些器官的病变。

🍵任务考核·理论考核

1.（单选题）茶叶中被称为"人体保鲜剂"的特征性成分是（　　）。

A.茶氨酸　　　　　B.茶叶碱　　　　　C.咖啡碱　　　　　D.茶多酚

2.（单选题）目前，茶树中经过分离、鉴定的已知化合物有（　　）种。

A.700多　　　　　B.800多　　　　　C.900多　　　　　D.1000多

3.（单选题）茶叶品质成分中，（　　）影响干茶色泽、汤色及叶底色泽。

A.茶多酚　　　　　B.色素　　　　　C.咖啡碱　　　　　D.糖类

4.（单选题）茶叶中能够引起人体神经中枢兴奋的主要成分是（　　）。

A.茶氨酸　　　　　B.茶多酚　　　　　C.咖啡碱　　　　　D.芳香物质

5.（单选题）茶叶中含的（　　）具有镇静、抗抑郁、增强记忆、增进智力等功效。

A.咖啡碱　　　　　B.维生素　　　　　C.茶氨酸　　　　　D.茶多酚

6.（多选题）茶叶中的主要特征性成分包括（　　）。

A.茶多酚　　　　　B.维生素　　　　　C.咖啡碱　　　　　D.茶氨酸

7.（多选题）茶叶中主要生物碱包括（　　）。

A.咖啡碱　　　　　B.可可碱　　　　　C.茶叶碱　　　　　D.槟榔碱

8.（多选题）根据中医学理论和茶的加工工艺，六大茶类中，属于凉性茶的有（　　）。

A.白茶　　　　　B.黄茶　　　　　C.绿茶　　　　　D.轻发酵乌龙茶

9.（多选题）茶叶中的水溶性色素主要包括（　　）。

A.茶红素　　　　　B.茶黄素　　　　　C.茶褐素　　　　　D.叶绿素

10.（多选题）冬季天气寒冷，需补益阳气，适合饮（　　），暖脾胃，助消化。

A.红茶　　　　　B.绿茶　　　　　C.黄茶　　　　　D.黑茶

11.（判断题）茶叶的主要保健功效包括：延年益寿、提神益思、降脂降压、保肝明

目、固齿防龋、防辐抗癌等。 （　　）

12.（判断题）茶氨酸可以通过直接清除自由基以及增强抗氧化酶的活性，同时降低如过氧化产物丙二醛的含量，发挥抗氧化的作用。 （　　）

13.（判断题）夏季气候炎热，阳气亢盛，暑热湿邪盛，以清热养心为主，适合喝具有健脾利湿、清热消暑等作用的茶，如红茶和黑茶。 （　　）

14.（判断题）饭后不宜马上饮茶。饭后立即饮茶，会冲淡胃液，影响食物消化，同时茶中的单宁酸能使食物中的蛋白质变成不易消化的凝固物质，给胃增加负担，并影响蛋白质的吸收。 （　　）

15.（判断题）茶叶中起杀菌、消炎作用的主要成分是咖啡碱。 （　　）

【答案】

1.D	2.A	3.B	4.C	5.C
6.ACD	7.ABC	8.ABCD	9.ABC	10.AD
11.√	12.×	13.×	14.√	15.×

🫖任务考核·实操考核

表 8-5 科学饮茶实训要求

实训场景	科学饮茶实训。
实训准备	●老师提前给学生发布科学饮茶实训任务，要求学生提前做好准备。 ●老师印制评分表，分发给全班同学。 ●制作小卡片，上面分别印制"如何看茶饮茶""如何看人饮茶""如何看时饮茶""如何看季饮茶"等字样。
角色扮演	●两人一组，其中一人扮演汇报者，另一人扮演倾听者。 ●完成一轮考核后，互换角色，再次进行。
实训规则与要求	●学生1（汇报者）：随机抽取卡片。根据抽取的问题，说出该情况下应该如何科学饮茶等。 ●学生2（倾听者）：根据学生1的抽取结果，对其进行考查。 ●拍摄成视频，互相评分。
模拟实训评分	见表8-6。

表 8-6 科学饮茶实训评分表

序号	项目	评分标准	分值	得分
职业素养项目（30分）				
1	仪容仪表	精神饱满（3分），表情自然（3分），具有亲和力（4分）。	10	
2		形象自然优雅，妆容着装得体自然（5分）；没有多余的小动作（5分）。	10	
3		口齿清楚，语调自然（5分）；语速适中，节奏合理，表达自然流畅（5分）。	10	
汇报项目（70分）				
4	科学饮茶实训汇报	所选问题科学饮茶的总体情况。	10	
5		所选问题科学饮茶的具体情况（10分），简要回答科学饮茶的原因（10分）。	20	
6		所选问题科学饮茶的茶叶类型（10分），说清楚选择的原因（10分）。	20	
7		简要谈谈茶叶的保健功效。	10	
8		语言表达：逻辑性强，思路清晰（5分）；表达流畅、简洁，无多余废话和口头语（5分）。	10	
总分（满分为100分）				
教师评价				

任务 **9**
茶叶审评

思维导图

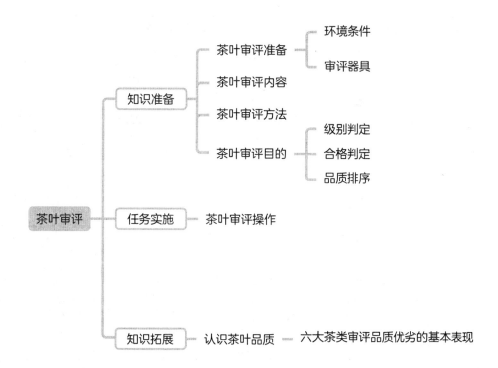

学习目标

1.知识目标：了解茶叶审评器具、审评内容、审评方法和审评程序。

2.技能目标：掌握茶叶审评基本操作流程，学会使用茶叶审评器具和专业评语。

3.思政目标：热爱茶叶审评工作，培养茶叶审评人员的职业道德素养。

🫖知识准备

茶叶审评即茶叶感官审评,指经过训练的评茶人员,使用规范的审评设备,在特定的操作过程中,运用正常的视觉、嗅觉、味觉和触觉等辨别能力,对茶叶的外形、汤色、香气、滋味和叶底等品质因子进行综合分析和评价的过程。

一、茶叶审评准备

(一)环境条件

为规范茶叶审评环境条件,确保茶叶审评工作的正常开展,我国专门制定了相应的国家标准——GB/T 18797—2012《茶叶感官审评室基本条件》。茶叶审评的环境条件应该符合该标准的要求(见表9-1)。

表 9-1 茶叶审评环境条件

环境条件	环境因子	环境条件要求
审评室	温度	●茶叶审评场所的温度宜保持在 15~27℃。
	湿度	●茶叶审评场所的相对湿度一般不高于 70%。
	光线	●茶叶审评场所的光线应柔和、明亮,无阳光直射、无杂色反射光。利用室外自然光时,前方应无遮挡物、玻璃墙及涂有鲜艳色彩的反射物。当室内自然光线不足时,可安装可调控的人造光源进行辅助照明。可在干、湿看台上方悬挂一组标准昼光灯管,应使光线均匀、柔和、无投影。
	噪声	●茶叶审评场所内禁止喧哗和人员频繁走动,噪声控制在 60 分贝以下。
	气味	●茶叶审评场所应保持无异味。室内的建筑材料和内部设施应易于清洁,不吸附和不散发气味,周围应无污染气体排放。
审评台	干评台	●干评台是用于检验干茶外形的审评台。在审评时也用于放置茶样罐、茶样盘、天平等,台的高度为800~900毫米,宽度为600~750毫米,长度视需要而定,台下可设抽斗。台面为黑色亚光,光洁,无杂异气味。
	湿评台	●湿评台是开汤审评茶叶内质的审评台。用于放置审评杯碗、汤碗、汤匙、定时器等,供审评茶叶汤色、香气、滋味和叶底用。台的高度为750~800毫米,宽度为450~500毫米,长度可视需要而定。台面一般为白色亚光,应不渗水,无杂异气味。

（二）审评器具

茶叶审评场所应配备的评茶用具，包括茶样盘、审评杯、碗、汤碗、汤匙、烧水壶、叶底盘、计时器、天平、审评记录表等。具体内容见表9-2。（图见第12页"茶叶审评器具"）

表 9-2 茶叶审评器具

器具名称	器具规格
评茶盘	●评茶盘也称"样茶盘""审评盘"，是盛装茶样供审评外形的木盘。评茶盘呈正方形，用无气味的材料制成，盘的一角有倾斜形缺口。评茶盘外围边长230毫米，边高33毫米。
审评杯碗	●审评杯用于开汤冲泡茶叶及审评香气，为特制的白色圆柱形瓷杯，杯盖有小孔，在杯柄对面杯口上有齿形或弧形缺口，容量为150毫升，审评毛茶时容量为250毫升。乌龙茶审评杯为钟形带盖的白色瓷盏，容量为110毫升。审评碗用于审评汤色和滋味。通用的审评碗为白色瓷碗，碗口稍大于碗底，精制茶审评碗容量一般为240毫升。乌龙茶审评碗的容量为160毫升。 ●注意：审评杯与审评碗应配套使用。
叶底盘	●叶底盘是用于审评叶底的器具，分为黑色叶底盘和白色搪瓷盘。黑色叶底盘为正方形，边长100毫米，边高15毫米，供审评精制茶样叶底用；白色搪瓷盘为长方形，长230毫米，宽170毫米，边高30毫米，一般供审评初制茶样叶底用。
天平	●天平是称取内质审评用茶的器具，要求精确到0.1克，可使用托盘天平或电子天平。
计时器	●常规使用的是可预定自动响铃的定时钟或特制砂时计，要求精确到秒。
其他器具	●其他茶叶审评器具，还有汤匙、网匙、烧水壶等。

二、茶叶审评内容

根据国家标准GB/T 23776—2018《茶叶感官审评方法》规定，茶叶审评包括外形、汤色、香气、滋味和叶底等5项内容。针对不同的茶类和产品，5项审评内容的侧重点会有所不同，反映的是对茶叶品质的贡献度各有侧重。在确定茶叶品质高低和级别判定时，一般分干评外形和湿评内质两方面，其中外形审评包括形态（包括嫩度）、色泽、整碎度、净度，内质审评包括汤色、香气、滋味和叶底，共同构成茶叶审评的八大因子（见表9-3）。

表 9-3 茶叶审评的基本内容

审评项目	审评内容
外形	●形态：主要审评茶叶嫩度，以及茶叶形状和松紧度，如条索形或颗粒状或紧压形等。茶叶形态由茶树品种、原料的嫩度和不同的制作工艺决定。 ●色泽：主要从色度和光泽度两方面审评。色度即指茶叶的颜色及深浅程度，光泽度指茶叶色面的亮暗程度。茶的颜色构成物质主要是叶绿素和类胡萝卜素等，干茶的光泽度反映着茶叶的新鲜程度。 ●整碎度：指干茶外形的匀整程度，茶叶完好与破碎的状况和比例。 ●净度：指茶叶的洁净程度，包括茶类夹杂物和非茶类夹杂物。茶类夹杂物往往是由于采制过程的精细度不足产生的。
汤色	●指茶叶冲泡后溶解在热水中的溶液所呈现的色泽。汤色审评要快，主要从颜色种类与色度、亮度和清浊度三方面审评。其中，颜色种类可根据不同类型茶的不同色泽来审评；亮度指明暗程度；清浊度，即茶汤的洁净程度等。汤色能体现茶叶加工工艺的水平、产品的新鲜程度和采制环节的精细度。
香气	●指茶叶冲泡后随水蒸气挥发出来的气味。茶叶的香气受茶树品种、产地、季节、制作工艺等因素影响，使得各类茶具有各自独特的香气风格，如红茶的甜香、绿茶的清香、青茶的花果香等。即使是同一类茶，也会因产地不同而表现出地域性香气特点。审评茶叶香气时，除辨别香型外，主要审评香气的浓度、纯度、持久度等。
滋味	●滋味是评茶师的口感反应。审评滋味可从纯异、浓淡、爽钝、醇涩、新陈等方面进行审评，先要区别是否纯正，纯正的滋味可区别其浓淡、强弱、鲜、爽、醇、和，不纯的可区别其苦、涩、粗、异。
叶底	●指冲泡后沥干茶汤剩下的茶叶。叶底审评包括嫩度、色泽、整碎和净度，主要依靠视觉和触觉。好的叶底应具备亮、嫩、厚、稍卷等几个或全部因子。次的为暗、老、薄、摊等几个或全部因子，有焦片、焦叶的更次，变质叶、烂叶为劣变茶。

三、茶叶审评方法

通用的茶叶感官审评方法是取待审评的茶样150~200克放入茶样盘中，评其外形。随后从茶样盘中撮取3克茶放入150毫升审评杯内，用沸水冲至杯满，立即加盖浸泡5分钟（绿茶4分钟，颗粒形乌龙茶6分钟），随后将茶汤沥入审评碗内，评其汤色，并闻杯内香气。待汤色、香气审评完毕，再用茶匙取近1/2匙茶汤入口评滋味，一般尝味1~2次。最后将杯内茶渣倒入叶底盘中，审评叶底品质。

茶叶审评基本操作流程包括十个步骤：把盘、取样、评外形、称样、冲泡、沥茶汤、评汤色、闻香气、尝滋味、看叶底。对每个审评项目写出评语，需要时加以评分（见表9-4）。毛茶开汤有时以4克茶、200毫升容量审评杯冲泡5分钟的方式操作，总之应保持茶与水的比例为1∶50。

表9-4 不同茶类审评因子评分系数（%）

茶类	外形（a）	汤色（b）	香气（c）	滋味（d）	叶底（e）
绿茶	25	10	25	30	10
工夫红茶	25	10	25	30	10
红碎茶	20	10	30	30	10
青茶(乌龙茶)	20	5	30	35	10
黑茶（散茶）	20	15	25	30	10
紧压茶	20	10	30	35	5
白茶	25	10	25	30	10
黄茶	25	10	25	30	10
花茶	20	5	35	30	10
袋泡茶	10	20	30	30	10

四、茶叶审评目的

（一）级别判定

级别判定需要对照一组标准样品，比较未知茶样品与标准样品之间某一级别在外形和内质的相符程度。首先对照一组标准样品的外形，从外形的形状、嫩度、色泽、整碎和净度5个方面综合判定未知样品等于或约等于标准样品中的某一级别，即定为该未知样品的外形级别；然后从内质的汤色、香气、滋味与叶底4个方面综合判定未知样品等于或约等于标准样品中的某一级别，即定为该未知样品的内质级别。样品的最终级别由外形与内质的判定级别相加再平均确定。

（二）合格判定

茶叶的合格判定一般采取比较性审评，如贸易中的验收环节。首先，以成交样或标准样相应等级的色、香、味、形的品质要求为水平依据，按规定的审评因子，即形状、整碎、净度、色泽、汤色、香气、滋味和叶底的审评方法，将审评样对照标准样或成交样逐项对比审评，按七档制审评方法（见表9-5）进行评分。随后，将各因子的得分相加，获得茶样的总分。当任意单一审评因子中得-3分者或总得分<-3分者，则判断该样品不合格。

表9-5 茶叶审评七档制审评法

七档制	评分	说明
高	+3	差异大，大于或等于1个等，明显好于标准。
较高	+2	差异较大，大于或等于1/2个等，好于标准。

（续表）

七档制	评分	说明
稍高	+1	有差异，稍好于标准。
相当	0	品质相当。
稍低	−1	有差异，稍低于标准。
较低	−2	差异较大，大于或等于1/2个等，低于标准。
低	−3	差异大，大于或等于1个等，明显低于标准。

（三）品质排序

　　进行茶叶品质顺序排列的样品应在2只（含2只）以上。评分前，需对茶样进行分类、密码编号，审评人员应在不了解茶样来源、密码的条件下进行盲评。根据审评知识与品质标准，审评人员对外形、汤色、香气、滋味和叶底等5个审评项目，在公平、公正条件下给每个茶样每项因子进行评分（采用百分制），并加注评语，评语引用GB/T 14487—2017《茶叶感官审评术语》。再将单项因子的得分与该因子的评分系数相乘，各个乘积值的总和，即为该茶样审评的总分。依照总分的高低，完成对不同茶样品质的排序。

🫖 任务引入

　　学生A和B在评茶室聊天。

　　学生A：开学时我妈妈给我带了两包红茶，一包是英德红茶，一包是祁门红茶，咱们一起品鉴品鉴。

　　学生B：好呀，先喝这包祁门红茶吧。

　　学生A：我来用盖碗泡。（然后一起喝茶）

　　学生B：祁门红茶很香，有点甜甜的。

　　学生A：嗯，还不错。我再冲泡英德红茶尝尝。

　　学生B：也很香啊，你感觉哪种茶更好？

　　学生A：我感觉两种茶的香味有点不一样，但不知道哪种更好。

　　学生B：是啊，如何评价哪种茶更好呢？

🫖 任务分析

　　本案例中，学生A和学生B围绕两款红茶品鉴展开讨论，各自讲述品饮感受，主要从茶的香气和滋味两个方面进行。学生B认为第一款红茶有点甜甜的，两款红茶都很香，学生A认为两种茶的香味有点不一样，但两人均不知道如何评价哪款茶更好。

　　根据茶叶审评知识与品质标准，在对茶样或茶品的品质排序时，需要对茶样外形、汤色、香气、滋味和叶底等5个项目，根据规范操作和审评程序进行审评，采用百分制，在公平、公正条件下给每个茶样的每项因子进行评分，并加注评语，评语采用GB/T 14487—2017《茶叶感官审评术语》。再将单项因子的得分与该因子的评分系数相乘，并将各个乘积值相加，即为该茶样审评的总分，依照总分的高低，完成对不同茶样品质的排序。不同茶类的评分系数由GB/T 23776—2018《茶叶感官审评方法》设定。

任务实施

茶叶感官审评按外形、香气、汤色、滋味、叶底的顺序进行操作。具体内容见表9-6。（图见第13页"茶叶审评操作流程"）

表 9-6 茶叶审评操作步骤

审评步骤	操作规范
取样	●取需要审评的样茶放入评茶盘内，审评毛茶需250~500克，精加工茶需200~250克。
把盘	●双手持评茶盘的边沿，运用手势作前后左右的回旋转动，使盘里的茶叶均匀地按轻重、大小、长短、粗细等有次序地分布，然后把均匀分布在评茶盘里的茶样通过反转和顺转收拢集中成为馒头形。"筛"与"收"的动作可使评茶盘里的茶分出上、中、下三个层次。
评外形	●用目测、鼻嗅、手触等方法，审评干茶的形状、香气、嫩度、色泽、整碎、净度、含水量等。
称样	●用三个手指，即拇指、食指、中指，在评茶盘中由上到下扦取代表性茶样，缓慢放入称样盘中，同时眼观天平的重量变化，达到所需的重量立刻停止，一次性放够该茶样审评所需的克数。
冲泡	●取3.0克或5.0克代表性样茶置于相应的审评杯中，按1:50的茶水比注满沸水，随泡随加杯盖，盖孔朝向杯柄。冲泡第一杯起开始计时。
沥茶汤	●5分钟后，按冲泡次序将杯内茶汤滤入审评碗。倒茶汤时，审评杯应卧搁在审评碗口上，杯中残余茶汤应全部沥干净。 ●传统审评乌龙茶内质时分三次冲泡，第一次浸泡2分钟出汤，第二次浸泡3分钟出汤，第三次浸泡5分钟出汤。
评汤色	●用茶匙在审评碗里打一圆圈，使沉淀物旋集于碗中央，然后开始审评，按汤色性质及深浅、明暗、清浊及沉淀物多少等评比优次。注意，汤色易受光线强弱、茶碗规格、容量多少、排列位置、沉淀物多少、冲泡时间长短等各种外因的影响。
闻香气	●一手拿住已倒出茶汤的审评杯，另一手揭开杯盖至半开，靠近杯沿嗅评香气，每次持续2~3秒，随即合上杯盖。可反复嗅1~2次。嗅香气应以热嗅（杯温约75℃）、温嗅（杯温约45℃）、冷嗅（杯温接近室温）相结合进行。热嗅重点辨别香气的纯正与否，温嗅主要评判香气类型，冷嗅主要了解茶叶香气的持久程度。

（续表）

审评步骤	操作规范
尝滋味	●用汤匙从审评碗中取适量（约5毫升）茶汤于口中，通过吸吮使茶汤在口腔内循环打转，接触舌头各个部位，正确全面地辨别滋味。尝味后的茶汤咽下或吐到茶桶里。尝第二碗时，匙中残留茶液应倒尽或在白开水汤中漂净。审评滋味的茶汤温度以50℃左右为宜。
评叶底	●叶底审评主要靠视觉和触觉来判别，根据叶底的老嫩、软硬、匀杂、整碎、色泽和开展与否等来评定优次，同时还应注意有无其他掺杂。将审评杯中的茶叶全部倒入叶底盘，加适量清水，用手指铺平拨匀，让叶底漂浮起来，便于查看，或直接倒到杯盖上查看。

知识拓展

认识茶叶品质

随着茶产业的迅猛发展，我国许多产茶区走出一条"因茶致富，因茶兴业"的乡村振兴之路，"绿叶子"成为"金叶子"，"小茶叶"托起大产业，真正践行"绿水青山就是金山银山"的发展理念。作为国饮，茶的功能也由实用上升到了一种精神的享受和审美的需要。全国各地不定时地举办"春茶品鉴""红茶品鉴""斗茶比赛""茶王争霸赛"等茶品质评定活动，感官品质的核心即饮用价值是以"味"为第一指标，再向"色""香""形"辐射。不同茶类品质优劣的表现各不相同，甚至某些茶类的品质要求会存在彼此对立、矛盾之处。因此，必须有针对性地去感知、认识和分析不同的茶叶品质（见表9-7）。

表9-7　六大茶类审评品质优劣的基本表现

茶类	优良品质特点	品质缺陷表现
绿茶	●外形绿、汤色绿、叶底绿的"三绿"特点。造型富有特色，色泽绿润鲜明，匀整；汤色绿明亮；香气高长新鲜；滋味鲜醇；叶底匀齐，芽叶完整，规格一致。	●外形规格混乱，形态、色泽不一，花杂而深暗；汤色暗绿、浑浊；香气平淡、青气、欠纯；滋味协调感和细腻感差；叶底匀整性和明亮感差。
红茶	●色泽棕褐至乌润，外形紧结，或细秀，或肥壮，或显露金毫；汤色从金黄明亮至红艳；香气浓郁，可显花果甜香；滋味浓醇回甘；叶底柔软，红匀明亮。	●外形规格混乱，形态、色泽不一；汤色深暗、浑浊；香气平淡、熟闷、青、粗、欠纯；滋味苦涩、陈闷、欠浓醇；叶底完整性、均匀性、明亮感差。

（续表）

茶类	优良品质特点	品质缺陷表现
黄茶	●具有"黄叶、黄汤、黄底"的特殊品质。外形扁直或卷曲，色泽黄润，匀整显毫；汤色浅黄明亮；香气以嫩玉米香、嫩香、毫香、花果香为佳，香气高且持久；滋味甘醇爽口；叶底嫩黄或浅黄明亮。	●外形规格混乱，形态、色泽不一；汤色暗黄、浑浊；香气平淡、熟闷、欠纯；滋味苦涩、陈闷、欠浓醇；叶底完整性、均匀性、明亮感差。
白茶	●色泽银白，茶芽壮实；汤色浅亮；毫香持久；滋味清甜醇和；叶底完整。	●色泽深暗；汤色浑浊；香气生青、有发酵气或熟闷；滋味青涩、钝熟；叶底断碎。
乌龙茶	●外形紧实、褐色油润；汤色橙黄或金黄明亮；花蜜香明显、幽长、自然；滋味醇爽甘滑，韵味持久；叶底厚软、明亮。	●外形枯黄、松散；汤色深暗；香气低闷、粗陈；滋味酸、涩、粗、苦；叶底粗老、断碎。
黑茶	●散茶外形条索紧实、圆直，色泽黑褐油润（紧压茶的外形造型周正、厚薄一致，乌黑油润）；汤色橙黄明亮；滋味回甘生津；叶底黄褐匀整。	●散茶外形松扁、皱褶、轻飘，色泽花黄绿色或铁板色为差（紧压茶的外形厚薄不一致，色泽黑暗）；汤色浅淡混浊；香气有杂异气味；滋味粗淡苦涩；叶底花杂。

🫖 任务考核·理论考核

1. （单选题）审评绿茶有时需要先（   ）。

   A.嗅香气   B.看汤色   C.尝滋味   D.评叶底

2. （单选题）下列（   ）的茶叶外形不成条索状。

   A.炒青   B.烘青   C.青茶   D.红碎茶

3. （单选题）下列（   ）不是影响茶叶香气的主要因子。

   A.茶叶包装   B.茶树品种   C.茶叶产地   D.茶叶采制方法

4. （单选题）茶叶审评操作中，审评人员没有用到（   ）。

   A.视觉   B.嗅觉   C.味觉   D.听觉

5. （单选题）审评滋味可从纯异、浓淡、爽钝等方面进行审评，首先要区别的是（   ）。

   A.爽钝   B.醇涩   C.纯异   D.新陈

6. （多选题）茶叶品质审评一般通过干茶外形和（   ）、叶底等因子的综合观察，才能正确评定品质优次和等级价格的高低。

   A.汤色   B.香气   C.采摘   D.滋味

7. （多选题）审评茶叶香气时，除辨别香型外，主要审评香气的（   ）。

   A.浓度   B.纯度   C.持久度   D.饱满度

8. （多选题）内质审评时对汤色的审评主要从（   ）方面去评比。

   A.色度   B.亮度   C.清浊度   D.色变

9. （多选题）绿茶审评外形主要审评（   ）因子。

   A.老嫩   B.松紧   C.整碎   D.净杂

10. （多选题）下列关于白茶审评阐述正确的有（   ）。

    A.银针白毫外形要求毫心肥壮，具银白光泽。

    B.银针白毫汤色要橙黄清澈，深黄色者次，红色为劣。

C.白牡丹贡眉香气要求鲜纯，有毫香为佳，带有青气者为次。

D.白牡丹贡眉要鲜爽有毫味，凡粗涩、淡薄者为低次。

11.（判断题）一般红、绿、黄、白散茶开汤，称取茶样6克投入审评杯内。　（　）

12.（判断题）茶叶审评基本操作流程包括十个步骤：把盘、取样、评外形、称样、冲泡、沥茶汤、评汤色、闻香气、尝滋味、看叶底。　（　）

13.（判断题）工夫红茶香气以高锐、有花香或果香、新鲜而持久的为好。　（　）

14.（判断题）乌龙茶审评嗅香时，第一泡评香气类型，第二泡评香气高低，第三泡评香气持久度。　（　）

15.（判断题）名优绿茶具有外形绿、汤色绿、叶底绿的"三绿"特点，外形造型富有特色，汤色明亮，香气高长新鲜，滋味鲜醇，叶底匀齐。　（　）

【答案】

1.B　2.D　3.A　4.D　5.C

6.ABD　7.ABC　8.ABC　9.ABCD　10.ACD

11.×　12.√　13.√　14.×　15.√

任务考核·实操考核

表9-8 茶叶审评模拟实训要求

实训场景	茶叶审评实训。
实训准备	●老师提前给学生发布茶叶审评实训任务，要求学生提前熟悉茶叶审评操作流程和审评标准，提前到评茶室准备好茶叶审评器具。组长领取审评茶样。 ●老师印制评分表，分发给全班同学。
角色扮演	●4~5人一组，其中一人为组长，其余为组员。 ●每组分工完成所给茶样的审评操作。
实训规则与要求	每人完成一份茶叶审评表的填写，并讨论审评结果。
模拟实训评分	见表9-9。

表9-9 茶叶审评模拟实训评分表

序号	项目		评分标准	分值	得分
			职业素养项目（20分）		
1	仪容仪表		头发干净、整齐，发型美观大方。	5	
2			手及指甲干净，指甲修剪整齐，不涂有色指甲油。	5	
3			穿着白色工作服，整齐干净，不佩戴过于醒目的饰物（5分）；表情自然，姿态得体（5分）。	10	
			操作项目（80分）		
4	茶叶审评实训	把盘	运用双手作前后左右回旋转动，"筛"与"收"相结合。	5	
5		称样	用三个指头（拇指、食指、中指），要上中下都取到茶样，并基本做到一次扦量成功，准确称样。	5	
6		看外形	查看并记录干茶的形状与色泽(5分)、净度和匀整度(5分)。	10	
7		开汤	注入沸水到审评杯的出水口（5分）；冲水速度"慢—快—慢"（5分）。	10	
8		热嗅香	一手握杯柄，一手握杯盖头，上下轻摇几下，开盖嗅香，时间为2~3秒。	5	
9		看汤色	观察并记录茶汤的颜色（5分）、浑浊度与亮度（5分）。	10	
10		温嗅香	一手握杯柄，一手握杯盖头，上下轻摇几下，开盖嗅香，时间为2~3秒。	5	

（续表）

序号	项目		评分标准	分值	得分
11		尝滋味	茶汤入口在舌头上微微巡回流动，吸气品尝滋味（5分），再慢慢吸入空气，使茶汤在舌上微微滚动，闭嘴，由鼻孔中排气（5分）。吐出茶汤，尝味2~3次（5分）。	15	
12		冷嗅香	开盖嗅香，时间为2~3秒。	5	
13		看叶底	把叶底倒入杯盖或叶底盘，观察并记录叶底的嫩度（5分）、色泽和亮度（5分）。	10	
总分（满分为100分）					
教师评价					

项目4

茶技艺篇

任务 **10**
茶具鉴赏

思维导图

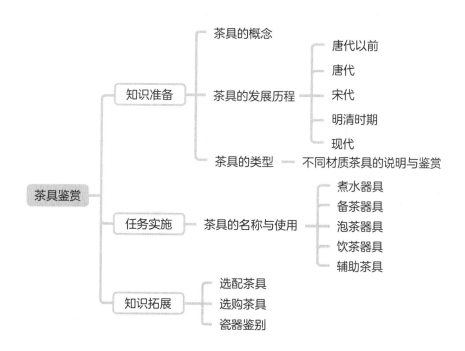

学习目标

1.知识目标:了解茶具的发展历程、茶具类型、茶具特点与鉴赏。

2.技能目标:掌握茶具的名称、组合与使用,独立完成茶具使用说明展示。

3.思政目标:热爱传统茶文化,感受茶具所蕴含的工匠精神和人文精神,提高茶具鉴赏力。

🍵 知识准备

一、茶具的概念

茶具的诞生是伴随着饮茶的出现而出现的，同其他饮具、食具一样，其发生和发展，经过了一个从无到有、从共到专、从粗到精的历程。

学界普遍认为，最早的饮茶器具，是与酒器、食器共用的，人类早期通常采用青铜器或者陶器进行饮酒、进食。有关茶具的最早文字记载是西晋左思的《娇女诗》："心为茶荈剧，吹嘘对鼎𬭤。"其中"鼎𬭤"当属茶具。最早提到"茶具"概念的文献来自西汉王褒的《僮约》："烹茶尽具，已而盖藏"。《僮约》是一份主人与家僮的条款契约，要求家僮烹茶之前洗净器具，但仍不能断定文中的"具"是专用茶具。两晋时，以浙江越窑为代表的青瓷产品中出现了专用于饮茶的带托盏具。然而饮茶之风此时仅在南方地区盛行，传至全国时，已是唐代。"一器成名只为茗，悦来客满是茶香。"中唐时期，被誉为茶圣的陆羽对茶具与茶器在概念上做了不同的定义，在他所著的《茶经》有"二之具""四之器"之分，把采茶、制茶的工具称为茶具，把烹茶、饮茶相关的用具称为茶器。南宋末年，审安老人（董真卿）编著了史上第一部茶具图谱——《茶具图赞》，将烹茶、食茶之器具改称为"茶具"，并沿袭至今。

茶具，就是指壶、杯、盏、碗、托、盘等泡茶、饮茶器具的总称。

二、茶具的发展历程

中国茶具的发展，是随着茶文化的发展和饮茶方式的演进而改变的，不同的茶叶品饮方式对茶器有不同要求。唐以前，茶、食不分，茶、酒、食器混用，没有形成专门化的茶具，材质以陶制为主。唐代盛行煎茶法，茶具非常讲究，极其繁杂，陆羽《茶经》所记载的茶具达28种之多。宋代自上而下盛行点茶法，"茶色白，宜黑盏"，汤瓶和茶盏代替了煎茶法中的部分茶具，蔡襄在《茶录》中列出了点茶法所需的茶焙、茶笼、砧椎、茶钤、茶碾、茶罗、茶盏、茶匙、汤瓶共9种，而南宋审安老人《茶具图赞》则列茶具12种。元朝是过渡时期。明清时期因多用散茶撮泡法，茶具品种随之增多，推崇"景瓷宜陶""黄金为次"，且盛行小茶壶和盖碗的使用，茶具形状多变，色彩丰富，再配以诗、书、画、雕等艺术，茶具制作达至新高度。

综上所述，中国茶具的发展历程大体可分为五个阶段：唐代以前茶具、唐代茶具、宋代茶具、明清时期茶具和现代茶具。具体内容见表10-1。（图见第14页"不同发展阶段的茶具"）

表 10-1 中国茶具不同发展阶段及其特点

发展阶段	茶具特点
唐代以前	●唐代以前，茶具往往一器多用（即茶具基本上与食具、酒具或水具混用），以陶器为主。饮茶方式是"茗粥法"，煮茶类似煮羹汤，需加入葱、姜等调味品。
唐代	●唐代的品饮方式称为煎茶或煮茶，以陶器、瓷器和金银茶具为主。这一时期，茶具开始从食、酒器中分离出来，自成体系，陆羽《茶经·四之器》中系统提到了 24 种茶器（细分有 28 种）。唐代还是我国陶瓷发展史上的第一个高峰，出现"南青北白"共繁荣的局面。
宋代	●宋代的品饮方式是点茶，以陶瓷茶具为主，黑釉盏特别盛行，注重茶事服务中茶具的完整性和艺术性。宋代是我国陶瓷发展史上的第二个高潮，除享誉盛名的官、哥、汝、定、钧五大名窑外，浙江的越窑、龙泉窑青瓷，福建的建窑、江西的吉州窑、北方的磁州窑均生产陶瓷。宋代出现的汤瓶，专用于点茶时注水，为后来茶壶的发展奠定了基础。
明清时期	●明清时期的品饮方式以散茶冲泡法为主，茶具则以壶、杯、罐、盘搭配为主，多以陶或瓷制作。"景瓷宜陶"最为出色。明代以后的茶具，茶壶居主要地位，以江苏宜兴所产紫砂壶为要。清代，带托盖碗的使用最为普遍，更加追求艺术性和返璞归真。
现代	●现代茶具材质、形制多样，其中以瓷、陶为多，也有玻璃、玉、竹、木、锡、铁、金、银等材质。常见的茶具有风炉、煮水壶、茶壶、壶承、公道杯、茶杯、盖碗、茶托、茶叶罐、水盂等。这一时期的茶具，更加注重实用性、观赏性、搭配性和创意性。

总而言之，我国茶具数量从唐代陆羽《茶经》的"二十八将"演变到宋朝的审安老人所著《茶具图赞》中的"十二先生"（此前宋徽宗在《大观茶论》中提到了五种茶具），再演变到明清时期的茶碗、茶盏和茶壶三种，整个茶具演变历程所呈现出的最大特点就是"删繁就简、返璞归真"，符合自然、本色、质朴的品茶之道。

三、茶具的类型

明代许次纾在《茶疏》中说："茶滋于水，水藉乎器，汤成于火，四者相须，缺一则废。"品茗者除讲究精茶、真水、活火，还讲究妙器，所以古人认为"水为茶之母，器为茶之父"。茶具不仅是简单的器皿，更是茶与生活的一个美丽衔接。按茶具材质不同，可划分为：陶器茶具、瓷器茶具、玻璃茶具、金属茶具、漆器茶具、竹木茶具等类型（见表10-2）。其中，瓷器茶具经高温烧成，釉面光洁，胎质致密，气孔少，吸水率低，传热快，保温性适中，泡茶能获得较好的色、香、味，所以瓷器是适用最广泛的茶具，适宜冲泡所有茶品。

（图见第14页"不同材质的茶具"）

表 10-2　不同材质茶具说明与鉴赏

茶具类别		茶具说明	茶具鉴赏
陶器茶具	粗陶茶具	●质地疏松，透水性好。	●具有质朴浑厚、简约粗犷、稳重悠远的原生态之美。
	紫砂茶具	●经久耐用，透气性好，保温性好，泡茶既不夺茶香，又无熟汤气，能更好地保持茶香、茶色、茶味。以宜兴紫砂为代表。	●质感温润，细而不腻，简单质朴，超凡脱俗，含蓄雅致，适合文人雅士的精神气质与审美喜好。
	柴烧茶具	●柴烧是中国最传统的烧制陶瓷器的方式之一。在烧制过程中，让木柴燃烧所产生的灰烬和热量直接附着在茶具坯体上，形成自然落灰釉。	●光泽温润、层次丰富，具有浑厚内敛的质感和独特古拙的美感，每件作品都是独一无二的。
瓷器茶具	青瓷	●历代茶具重青瓷器具。光滑细腻，保温性好。宋代五大窑中，官窑、哥窑、汝窑三个窑都生产青瓷。釉面有开片，如蟹爪纹、冰裂纹、鱼子纹等。	●釉色青中泛蓝，俗称"雨过天青之色"。青为自然之色，又有美玉之色，可与君子比德。质地细腻，造型端庄，清淡含蓄，纹饰雅致。
	黑瓷	●施黑色釉的高温瓷器。始于晚唐，鼎盛于宋，衰于明清。主要窑口为福建建阳的建窑和江西吉安的吉州窑。	●漆黑的釉面上布满形若兔毫、油滴或鹧鸪斑的结晶纹斑，极富装饰意趣，更精彩的是曜变，在较大的结晶斑点周缘闪现出瑰奇的彩色，犹如日晕，美妙至极。
	白瓷	●隋唐时白瓷工艺日臻成熟，历经宋、元、明、清而始终不衰。白瓷因釉色洁白，能反映出茶汤色泽，传热、保温性能适中，成为瓷器茶具基本款。以河北定窑、江西景德镇窑以及福建德化窑为主。	●坯体致密，高温烧制，无吸水性，音清韵长，胎质洁白细腻，造型规整纤巧，装饰风格典雅，器形优美圆润。
	彩瓷	●亦称"彩绘瓷"，是在器物表面中加以彩绘的瓷器，主要有釉下彩瓷和釉上彩瓷两大类。彩瓷茶具是明、清茶具中的一大类，器型有盖碗、茶杯、茶碗、茶壶等。以磁州窑、景德镇窑为主。	●表现力很强，犹如中国画的渲染，色彩浓淡皆宜，有的富丽堂皇，有的清新秀丽，有浓郁的生活气息，有诗意的草木山水。
金属茶具		●历史上用金属制作茶具由来已久，先秦时期主要是青铜器，南北朝时出现金银器具。坚固，耐用，密封性好，受众面小。	●给人坚硬厚重、光鲜亮丽、华贵大气的质感。
玻璃茶具		●造型简单，物美价廉，光滑明亮，透光性好，形态多样，受人青睐。缺点是易破碎，比陶瓷茶具烫手。	●晶莹剔透，温和清洁，曲线流畅，光彩照人，能全方位展现茶品之美。

（续表）

茶具类别	茶具说明	茶具鉴赏
漆器茶具	●我国是世界上最早利用漆树并制作漆制品的国家。著名的漆器茶具有北京雕漆茶具、福州脱胎漆茶具等。	●流光溢彩，富于变化，是茶席布置的重要搭配。
竹木茶具	●轻便实用，原材料易获取，制作便捷，但不易保存。最常见的是木茶盘或木茶托，因竹木材料隔热性强。	●材质天然，质感明朗，简单大方，无雕饰之自然美，极具艺术价值。

任务引入

学生A正在茶艺室看着眼前一堆茶具发呆，学生B进来了。

学生B：你在看什么？

学生A：你看看，这么多茶具都怎么用来着？

学生B：这个像汤匙一样，应该是盛茶水喝的吧。这个（公道杯）造型很好看，不清楚做什么用？

学生A：应该是用来喝茶的，它旁边这个（壶承）是用来做什么的？还有这个细细的杯子（闻香杯）叫什么，如何使用呢？

学生B：这个小杯子的材质好像和前面的小茶杯是一样的，不知道干什么用？

学生A：是不是都用来喝茶的？

学生B：这么多用来喝茶的，哈哈。

学生A：嗯，好多东西不知道如何使用。

任务分析

本案例中，学生A和学生B的话题围绕茶具的使用和茶具名称等展开。学生A对很多茶具既不知道名称，也不清楚具体用法，把公道杯错当成喝茶的器具；学生B则把用来量茶和投茶入壶的茶则，错当成盛茶饮用的汤匙。

"工欲善其事，必先利其器。"品茶不仅指品饮好茶，也讲究品赏器具。泡好茶需使用适合的方式冲泡，也需配搭适宜的茶器，茶与器相辉映，才能升华饮茶的文化与品质。要想选择适宜的茶具，首先要清楚每一件茶具的作用以及如何使用。一般常见的茶具有风炉、煮水壶、茶壶、壶承、盖碗、公道杯、品茗杯、闻香杯、杯托、茶叶罐、水盂等。单个茶具难以烘托饮茶之情调，只有了解不同用途的茶具，将其合理搭配起来，方能真正展示茶具的魅力，这也是茶艺中"器之美"的精彩之处。

🫖 任务实施

茶具的使用大致可分主要茶具和辅助茶具。主要茶具包括煮水器、备茶器、泡茶器、饮茶器；辅助茶具包括茶盘、茶巾、茶夹等。具体内容见表10-3。（图见第15页"常用茶具"）

表10-3 茶具名称与使用说明

茶具组合	茶具名称	茶具使用说明
煮水器具	煮水壶	●煮水器用于煮水，包括热源和煮水壶两部分。当代的煮水器常见的为陶质提梁壶配陶质酒精炉或炭炉、电热炉，不锈钢壶配电炉（电热丝不在壶内），玻璃壶配酒精炉或电磁炉等。一般情况下，煮水壶适宜的材质排名为陶、瓷、玻璃、银、不锈钢、铁、铜。
备茶器具	茶叶罐	●用来储存茶叶的有盖小罐，材质通常为陶、瓷、铁、锡、竹等。
	茶荷	●置茶、赏茶的器具。用来盛放将要冲泡的干茶，以供主人和客人一起观赏茶叶外形、色泽，还可作为置茶入壶或杯时的用具，材质多以竹、木、陶、瓷、锡为主。
	茶则	●"茶道六君子"之一，用于舀取茶叶，置茶入壶，衡量茶叶用量，确保投茶量适宜，同时避免手指直接碰触茶叶。还可用于赏茶时盛放茶叶。
	茶匙	●"茶道六君子"之一，也叫"茶拨"，长柄、圆头、浅口小匙，用于从茶叶罐中拨取茶叶，也用于挖取茶壶内的茶渣。
	茶漏	●"茶道六君子"之一，圆形小漏斗。当用小茶壶泡茶时，将其放置壶口，茶叶从中漏进壶中，以防茶叶洒到壶外。
泡茶器具	茶壶	●茶壶是重要的泡茶器。泡茶时，茶壶大小依饮茶人数多少而定。茶壶质地多样，目前使用较多的是紫砂壶和瓷茶壶。
	盖碗	●又叫"三才杯"，茶盖在上谓之天，茶托在下谓之地，茶碗居中是为人，暗寓茶道中的"天、地、人和"之意。盖碗有许多种类，如白瓷盖碗、玻璃盖碗、陶制盖碗等，其中白瓷盖碗最常见，因其材质细腻、釉面光滑不透气，具有不夺香、不吸味、易清洗的特点，适合冲泡各类茶叶。
饮茶器具	公道杯	●又称匀杯、茶盅。在茶叶冲泡好出汤的过程中，前段出的汤会比后段所出的汤味淡，将茶汤倒入公道杯后再进行分汤，既可均匀茶汤，又可依喝茶人数来分茶；而人数少时，将茶汤置于公道杯中，可避免茶叶在壶中浸泡太久而导致茶汤苦涩。
	品茗杯	●也叫茶杯、茶盏，用来盛茶汤品饮和观赏汤色的器皿。有陶、瓷、紫砂、玻璃、竹木等多种材质。
	闻香杯	●一般与品茗杯配套使用。杯口小，杯身较高，容易聚香，是将盛放泡好的茶汤倒入品茗杯后，闻杯底茶香的器具。多用于品饮乌龙茶。

（续表）

茶具组合	茶具名称	茶具使用说明
辅助茶具	茶盘	●摆置茶壶、品茗杯、公道杯等茶具，用以泡茶的基座。
	水方	●也称为水盂或茶洗，是用来盛水的容器。按功用可分为"涤方"和"滓方"：涤方用于温洗杯子，或叫杯洗；滓方用于盛放茶渣和废水。
	茶巾	●一般是棉麻制品，吸水性能好。用于擦拭紫砂壶壶身和公道杯、品茗杯杯底的水渍，也用于擦拭冲泡过程中茶台上出现的水渍。
	茶针	●"茶道六君子"之一，用来疏通茶壶的壶嘴，保持水流畅通的器具。茶针有时与茶匙合为一体。
	茶滤	●用于过滤茶渣的器具。
	茶夹	●"茶道六君子"之一，用于夹取茶杯或闻香杯进行温洗。
	壶承	●用于承放茶壶，多为陶瓷、竹木、金属制品，主要功能是防止茶壶烫伤桌面，也避免采用湿泡台时茶水浸泡茶壶底部，同时可以增加茶壶的美观度。
	杯托	●垫于品茗杯杯底，既防止热茶烫伤桌面，同时增加美观度。
	盖置	●用于放置壶盖或杯盖，避免茶水沾湿桌面，同时也保持盖子的清洁。多为紫砂、陶瓷、竹木材质。
	茶筒	●"茶道六君子"之一，用于收纳茶则、茶匙、茶夹、茶针、茶漏的容器。

知识拓展

茶具选购

一、选配茶具

鲁迅先生在《喝茶》一文中曾写道："喝好茶，是要用盖碗的。于是用盖碗。果然，泡了之后，色清而味甘，微香而小苦，确是好茶叶。"不同的茶需要选配不同的茶具（见表10-4），才能扬长避短，使茶叶的汤色、滋味、香气表现得淋漓尽致。从古到今，爱茶人对茶具的选择一直十分讲究，一是力求有助于提高茶叶的色、香、味，保全茶叶的本性；二是力求茶具古雅精致，有文化品味，有审美价值。

表 10-4　不同茶类的茶具选配

茶类	茶品	适合冲泡的器具	适合品饮的器具
绿茶	名优绿茶	玻璃杯及壶，青、白瓷壶及盖碗	玻璃杯、青瓷杯、白瓷杯
	普通绿茶	瓷器茶壶及盖碗，飘逸杯	
红茶	小叶种红茶	紫砂壶，青、白瓷盖碗	
	大叶种红茶	大口径紫砂壶、瓷壶、瓷盖碗	
	碎红茶	带滤网茶壶，飘逸杯	
青茶	珠型青茶	陶壶、紫砂壶，白瓷盖碗	青瓷杯、白瓷杯
	条索型青茶	大口径紫砂壶、陶壶，瓷盖碗	
黄茶	芽尖型黄茶	玻璃杯及壶，青、白瓷壶及盖碗	玻璃杯、青瓷杯、白瓷杯
白茶	新白茶	玻璃壶，青、白瓷壶及盖碗	
	老白茶	陶壶，紫砂壶	青瓷杯、白瓷杯、紫砂杯
黑茶	新生普洱茶	紫砂壶	陶瓷杯、紫砂杯
	熟普洱茶、老生普洱茶、六堡茶、千两茶等	紫砂壶，陶壶（煮饮时还可选择玻璃壶）	
花茶	各类花茶	玻璃杯及壶，青、白瓷壶及盖碗	玻璃杯、青瓷杯、白瓷杯

注意事项：

重茶香的，选用密度高的瓷茶具。

重茶汤色的，选用内壁白釉面的品茗杯。

紫砂壶更适合冲泡有年份的后发酵类茶、半发酵茶及全发酵类茶，特别是熟普。

二、选购茶具

白瓷盖碗适合各类茶的冲泡。茶具的选购不但要求精美，还应从材质、造型、细节等方面综合考虑。

（一）看材质

选购茶具时，首先要注重材质的安全性，以无异味、环保、不伤害身体为基本原则。茶叶需用沸水冲泡后品饮，故茶具需耐高温，且经高温淋烫后无有害物质产生。有些陶瓷厂家为使产品烧制后色泽鲜艳漂亮，会在原材料里添加一些化学物质，长时间使用这类带有化学原料的茶具喝茶，会对身体造成一定的影响。因此，一些色泽过于艳丽的茶具要谨慎选购。

（二）看造型

茶具的造型非常丰富，造型之中体现了创作者的构思。正如奥玄宝在《茗壶图录》中这样描述紫砂壶：温润如君子，豪迈如丈夫，风流如词客，丽娴如佳人，葆光如隐士，潇洒如少年，短小如侏儒，朴讷如仁人，飘逸如仙子，廉洁如高士。每个人都可根据自己的审美喜好和使用习惯来选择不同的器型。对于手型较小的女性来说，一般会选择小巧可爱的茶具，以方便使用；男性可选择器形稍大一些的，但不能过大，否则会影响茶汤的味道。此外，如果茶具不顺手，在使用过程中可能会出现烫手或失手摔碎等情况。

（三）看细节

以壶为例，应注意，只有容积和重量比例恰当、壶把提用方便、壶盖周围合缝、壶嘴出水流畅，才算是完美的茶壶。选购时，可采取这样的检验方式：在壶中装入3/4容量的水，用手平提起茶壶，缓缓倒水，如果感觉顺手，即表示该壶重心适中；再用食指紧压盖上气孔，倾倒壶中的水，若滴水不流即表示壶盖与壶身相吻合，茶具密闭性强。

此外，好瓷器的表面温润洁净，用灯光照射透亮无瑕。彩绘的瓷器，要注意分辨釉上彩和釉下彩：釉下彩是在素坯上彩绘后施一层透明釉，经1200℃以上高温一次烧成，抚之手感光滑，安全性高；釉上彩则是在已烧好的瓷器釉面上进行彩绘，再入窑二次烧成。由于烧成温度不高，经受得起这种温度的色料很多，因而色彩较釉下彩更丰富，画面抚摸有凹凸感，一般不建议作为食器使用。上釉的陶器，注意颜色不要选择过于鲜艳的。

三、瓷器鉴别

瓷器鉴别的主要内容包括四方面：一是鉴别年代，即瓷器的相对烧造年代；二是鉴别真伪，即辨别是仿古器还是真器；三是鉴别优劣，即判别质量和价值；四是鉴别窑口，即判断瓷器的产地。其中，鉴别瓷器茶具质量优劣的"四字诀"为看、听、比、试。

第一，看。上下内外仔细观察，看釉面是否光洁润滑，有无擦伤、小孔、黑点和气泡；看形状是否规整，有无变形；看画面有无损缺；看底部是否平整，须放置平稳，无毛刺。

第二，听。听轻轻弹叩所发出的声音，如清脆、悦耳，则说明瓷胎细致密实，无裂损；如暗哑，就可断定瓷胎有裂损，或瓷化不完全，瓷器经冷热变化容易开裂。

第三，比。对配套瓷器，要比较各配件，看其造型及画面装饰是否协调一致。

第四，试。试盖、试装、试验。有的瓷器带盖子，有的瓷器由几个元件组合而成，在挑选时，应将盖子试盖一下，将元件试组装一下，看看是否合适。

任务考核·理论考核

1.（单选题）（ ）茶食不分，茶、酒、食器混用，没有形成专门化的茶具。

A.西汉时期　　　　B.唐代　　　　　C.宋代　　　　　　D.明清时期

2.（单选题）（ ）是用于置茶、赏茶的器具，用来盛放将要冲泡的干茶，以供主人和客人一起观赏茶叶外形、色泽，还可作为置茶入壶或杯时的用具。

A.茶杯　　　　　　B.茶则　　　　　C.茶荷　　　　　　D.茶匙

3.（单选题）浙江龙泉的（ ）以"造型古朴挺健，釉色翠青如玉"著称于世。

A.青花瓷　　　　　B.青瓷　　　　　C.白瓷　　　　　　D.黑瓷

4.（单选题）瓷器茶具按色泽不同可分为（ ）茶具等。

A.白瓷、彩瓷和黑瓷　　　　　　B.青瓷、白瓷和黑瓷

C.白瓷、青瓷和黄瓷　　　　　　D.青瓷、白瓷和红瓷

5.（单选题）（ ）以散茶冲泡法为主，茶具多以陶或瓷制作，"景瓷宜陶"最为出色，盛行使用盖碗。

A.西汉时期　　　　B.唐代　　　　　C.宋代　　　　　　D.明清时期

6.（多选题）冲泡名优绿茶适宜的茶具是（ ）。

A.紫砂壶　　　　　B.白瓷盖碗　　　C.青瓷执壶　　　　D.透明玻璃杯

7.（多选题）按材质不同，茶具可划分为（ ）、金属茶具、竹木茶具等类型。

A.陶器茶具　　　　B.瓷器茶具　　　C.玻璃茶具　　　　D.漆器茶具

8.（多选题）"茶道六君子"包括：茶筒、茶夹、茶拨和（ ）。

A.茶针　　　　　　B.茶荷　　　　　C.茶漏　　　　　　D.茶则

9.（多选题）用紫砂壶泡茶，具有哪些良好功能（ ）。

A.透气性好　　　　B.保温性好　　　C.保持茶香　　　　D.增加茶香

10.（多选题）瓷器经高温烧成，是适用最广泛的茶具，具有（　　）等特点。

A.吸水率低　　　　　B.气孔少　　　　　C.传热快　　　　　D.保温性差

11.（判断题）闻香杯杯口小，杯身较高，容易聚香，是将盛放泡好的茶汤倒入品茗杯后，用以闻杯底茶香的器具，一般与品茗杯配套，多用于品饮乌龙茶。（　　）

12.（判断题）白瓷茶具胚质致密透明，上釉后经过高温烧制，无吸水性，适合冲泡各类茶叶。（　　）

13.（判断题）盖碗又称"三才碗"，含"天盖之，地载之，人育之"之意。（　　）

14.（判断题）泡茶时，如需要将茶壶放置在桌上，不能将茶壶嘴对着客人。（　　）

15.（判断题）紫砂壶的选购主要看感觉，即外形是否美观、手感是否舒服。（　　）

【答案】

1.A　　2.C　　3.B　　4.B　　5.D

6.BD　　7.ABCD　　8.ACD　　9.ABC　　10.ABC

11.√　　12.√　　13.√　　14.√　　15.×

任务考核·实操考核

表 10-5　茶具使用介绍实训要求

实训场景	茶具使用实训。
实训准备	●老师提前给学生发布茶具使用实训任务，要求学生熟悉茶具名称与使用说明，提前到茶艺室练习。 ●老师印制评分表，分发给全班同学。
角色扮演	●两人一组，其中一人扮演茶具介绍者，另一人扮演观众。 ●完成一轮考核后，互换角色，再次进行。
实训规则与要求	每人完成一套茶具使用介绍，拍摄成视频，互相评分。
模拟实训评分	见表 10-6。

表 10-6　茶具使用介绍实训评分表

序号	项目	评分标准	分值	得分
职业素养项目（20分）				
1	仪容仪表	服饰整洁得体，形象自然优雅。	10	
2		仪容仪表美观大方，表情自然，具有亲和力。	10	
汇报项目（80分）				
3	茶具使用介绍实训汇报	普通话标准，声音洪亮，表达流畅。	10	
4		能准确和熟练地介绍煮水器具的名称与使用。	10	
		能准确和熟练地介绍备茶器具的名称与使用，包括茶叶罐、茶荷、茶则、茶匙、茶漏。	10	
		能准确和熟练地介绍泡茶器具的名称与使用,包括茶壶和盖碗。	20	
		能准确和熟练地介绍饮茶器具的名称与使用，包括公道杯、品茗杯、闻香杯。	10	
5		能准确和熟练地介绍辅助器具的名称与使用,包括茶盘、水方、茶巾、茶针、茶滤、茶夹、壶承、杯托、盖置、茶筒。	20	
总分（满分为100分）				
教师评价				

任务 11
茶艺操作

🫖思维导图

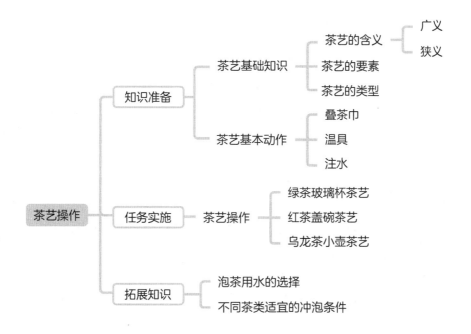

🫖学习目标

1.知识目标：了解茶艺的含义、茶艺的要素、茶艺基本动作和操作流程。

2.技能目标：掌握茶艺基本动作和冲泡技术，泡好一杯中国茶；掌握玻璃杯、盖碗、小壶等三种主要茶艺操作流程。

3.思政目标：热爱传统茶文化，提高专注力，培养茶艺师职业素养。

🍵知识准备

一、茶艺基础知识

（一）茶艺的含义

"茶艺"一词早在20世纪40年代就已经在我国出现。1940年，胡浩川先生在《中外茶业艺文志》的序里使用了"茶艺"一词，指包括茶树种植、茶叶加工、茶叶品评在内的各种茶之艺。蔡荣章在《茶艺月刊》指出，"品茗之道"在我国惯称为茶艺，偏重于生活艺术上的享用，除讲究泡茶的方法礼节与用具之外，更重视于各种不同茶艺冲泡之后色、香、味的品尝，以及茶在人际间的关系。季野先生也认为："茶艺是以茶为主体，将艺术融入生活以丰富生活的一种人文主张，其目的在于生活而不在茶。"陈宗懋在《中国茶叶大辞典》中提出，茶艺即泡茶与饮茶技艺。童启庆认为："茶艺含有两种形态的本质和属性，即物质形态的茶和艺术形态的艺。茶的本质以客观的科学方法来体现，而艺的本质以主观的审美感受为标准。因此，茶与艺术结合后的基本特征是，人们通过茶的科学泡饮来追求艺术的审美效果。"范增平认为，茶艺分广义和狭义：广义的茶艺是研究茶叶的生产、制造、经营、饮用的方法和探讨茶叶原理、原则，以达到物质和精神全面满足的学问；狭义的茶艺是研究如何泡好一壶茶的技艺和如何享受一杯茶的艺术。丁以寿先生认为：茶艺即饮茶艺术，是艺术性饮茶，是饮茶生活艺术化，具有一定的程式和技艺。周智修在《习茶精要详解》中提出，茶艺是科学地冲泡好一杯茶，并艺术地呈现泡茶操作过程，它追求过程美和茶汤美的协调统一，融入中国传统文化的精髓思想和茶人的道德情怀，是科学、文化、艺术与生活结合的综合艺术。

综上所述，不同的茶学专家对茶艺的理解各有不同，归纳起来主要包含了物质和精神两个层面，大致分为广义和狭义两种。广义的理解，茶艺包括茶的种植、制造、品评、沏泡、品饮技艺；狭义的理解，茶艺为泡茶、品茶的技艺，包括备器、择水、取火、候汤、品饮等。

（二）茶艺的要素

茶学专家童启庆教授认为："欣赏茶艺的沏泡技艺，应该给人以一种美的享受，包括境美、水美、器美、茶美和艺美。"茶艺的分类多种多样，茶艺的表演千变万化，总结来说，茶艺主要由六个方面构成，即仪表、选茶、择水、备器、技艺、环境，简称茶艺六要素，只有六要素完美组合，才可使茶艺达到尽善尽美的超凡境界。

1.仪表：人之美

茶艺师的仪表是茶艺的关键要素，主要包括茶艺师传递的形体美、服饰美、仪态美、心灵美等，通过茶艺师的服饰、容貌、姿态、风度等展示外在美，通过其表情、动作和眼神表达出内心、精神、思想等内在美。

2.选茶：茶之美

茶叶是茶艺的根本要素，只有在选择好茶叶之后才能决定用水、茶具、冲泡方式，甚至影响到茶艺师的服饰和茶席设计，要注意茶叶的花色、等级和品质等，赏析茶的色、香、味、形之美，还可以感悟到茶名之美，如碧螺春、东方美人、香妃翠玉等。

3.择水：水之美

"水为茶之母"，许次纾在《茶疏》中说："精茗蕴香，借水而发，无水不可与论茶也。"可见水是茶艺不可或缺的要素，精茶配美水，才能给人至高的享受。

4.备器：器之美

有了好茶、好水，还要有好茶具，这不但是技术上的需要，还是艺术上的需要，因为在茶艺中，茶具本身也成为审美对象。茶具的审美包括器形和组合两方面，在考虑实用、便利原则的基础上，再讲究造型、色彩、纹饰方面的艺术性。

5.技艺：艺之美

冲泡技艺是茶艺的核心要素，茶艺师在掌握水温、投茶量和浸泡时间等基本冲泡技术的前提下，突出茶艺程序编排的内涵美和茶艺表演的动作美、神韵美、艺术美等。

6.环境：境之美

茶艺品茗重在追求精神上的满足和感受，细细品啜，徐徐体察，从茶汤美妙的色、香、味、形中得到审美的愉悦，引发联想，抒发感情，使心灵得到慰藉、灵魂得到净化。茶艺师要营造一个场境、艺境、人境、心境俱佳的品茶环境。

（三）茶艺的类型

1.根据茶叶类型

根据茶叶类型，可分为红茶冲泡茶艺、绿茶冲泡茶艺、白茶冲泡茶艺、黄茶冲泡茶艺、乌龙茶冲泡茶艺、黑茶冲泡茶艺，甚至具体到某一种茶，如碧螺春冲泡茶艺、铁观音冲泡茶艺、白牡丹冲泡茶艺、普洱冲泡茶艺等。

2.根据演示地区

根据演示地区，可分为潮汕茶艺、安溪茶艺、徽州茶艺、台湾茶艺等。

3.根据冲泡茶具

根据冲泡所用茶具，可分为玻璃杯茶艺、紫砂壶茶艺、盖碗茶艺、长嘴壶茶艺等。

4.根据涉茶群体

根据涉茶群体，可分为少儿茶艺、老年茶艺、雅士茶艺、宫廷茶艺、宗教茶艺、少数民族茶艺等。

5.根据茶事功能

根据茶事功能来分，可分为生活型茶艺、经营型茶艺、表演型茶艺等。生活型茶艺主要包括个人品茗和奉茶待客两方面，事茶者用简洁科学的方法泡好一杯茶汤，与品茗者共享美好的茶艺。经营型茶艺主要指在茶艺馆、茶叶店、餐饮店以及其他经营场所为消费者服务的茶艺，事茶者快速、简洁、科学地泡好一杯茶汤，让品茗者感知茶的魅力、企业的品牌与文化。表演型茶艺又可以分为技艺型茶艺表演和艺术型茶艺表演。

二、茶艺基本动作

（一）叠茶巾

根据茶具类型和茶巾形状，考虑茶巾拿起或不拿起的使用需要，茶巾折叠方法一般可分为三叠法、四叠法、八叠法和九叠法。具体内容见表11-1。（图见第16-17页"茶巾的折叠技巧"）

表 11-1　茶巾的折叠技巧

项目	步骤	注意事项
三叠法	●茶巾反面朝上，平放在茶台上。 ●茶巾一边朝内，向2/3处折叠，压平。 ●茶巾的另一边朝内折叠，覆盖住对侧，然后压平即可。	●折叠时，茶巾反面朝上，平放在茶台上。 ●折叠时，应以茶巾中轴线一边对着品茗者，有缝一边对着习茶者。 ●三叠法与四叠法的茶巾，一般不拿起使用，方便擦拭。 ●八叠法与九叠法的茶巾，可以拿起使用，灵活大方。
四叠法	●茶巾反面朝上，平放在茶台上。 ●茶巾上下两端分别朝中线处折叠。 ●以茶巾中线为轴，再对折。	
八叠法	●茶巾上下两端分别朝中线处折叠。 ●茶巾左右两侧分别向中间处折叠。 ●以中线为轴，两边茶巾再次对折，形成八叠式茶巾。	
九叠法	●茶巾一边朝内，向2/3处折叠后，继续将茶巾的另一边朝内折叠，压平。 ●茶巾左侧朝内折叠至2/3处，压平。 ●茶巾右侧朝内折叠，覆盖住对侧，压平，形成九叠式茶巾。	

（二）温具

茶艺操作中，温具是重要环节，主要是为了保持茶具的干净和温度。不同的茶艺演示需要温洗的茶具也不同，主要有盖碗、茶壶、玻璃杯、品茗杯等。具体内容见表11-2。（图见第18页"温具技巧"）

表 11-2　温具技巧

项目	步骤	要领
温盖碗	●双手环盖碗，大拇指和食指分执碗盖中央位置，将其翻过来置于碗上，下斜15°，留有缝隙，便于热水流入盖碗中。	●温盖时和弃水前，碗盖最低处与碗边应留15°左右缝隙。
	●提壶，从碗盖的12点方向注入沸水，注到七八成满，让热水将碗盖和碗身全部温热。	●"三龙护鼎"，即大拇指与中指向上托住盖碗的翻边，食指压住碗盖，固定住盖碗。
	●左手护持碗盖前方，右手取茶针抵住碗盖下方7点位置，左右手配合把碗盖从外及里翻回到初始状态，然后放回茶针。	
	●右手以"三龙护鼎"的方式持碗，移至右侧水盂（杯洗）上方，倾斜至垂直，将水倾入水盂中。	●右弃水时，用右手，左弃水时，用左手，但均应注意手腕与小手臂呈直角。
	●盖碗回正，在茶巾上轻压一下，吸干碗底水渍，放回原处。	
温茶壶	●右手持壶（已注入1/3壶沸水），左手中指抵住壶的底边。	●右手中指勾住壶把，食指压壶纽，固定住壶盖，但不能压住气孔。
	●右手手腕转动，茶壶随之由外到里、从左到右转动。	
	●茶壶回正，右手持壶，移至右侧水盂（杯洗）上方，倾斜至垂直，将水倾入水盂中。	●左手中指支撑壶底边缘。
	●茶壶在茶巾上轻压一下，吸干壶底水渍，放回原处。	
温玻璃杯	●往杯中注入沸水至1/3处，右手中指和大拇指握住玻璃杯，其余手指虚握成弧形。左手五指并拢，中指尖为支撑点，顶住杯底边。	●右手始终握杯，直至弃水完毕。
	●右手手腕转动，水沿杯口由外向里、从左向右旋转360°。	●左手五指并拢内收。
	●杯回正，双手捧杯，移至右侧水盂上方，左手中指辅助托杯底，右手手腕转动，杯口向下倾45°，缓慢旋转玻璃杯，将水倾入水盂中。	●右弃水时，用右手握杯，左弃水时，用左手握杯，但均应注意沉肩坠肘。
	●右手手腕快速回转，收回玻璃杯。在茶巾上压一下，吸干杯底水渍，放回原处。	
温品茗杯	●右手拇指与中指握杯，食指、小指、无名指弯曲，虚护杯。左手五指并拢，掌心成"斗笠状"，虚托品茗杯。	●双手旋转品茗杯时，目光不离开杯口。
	●右手手腕转动，杯口由外向里、从左到右旋转360°。	●注意手指握在杯身2/3处，避免触碰到杯口。
	●回正，右手持杯，移至右侧水盂上方。食指微用力，使杯倾斜至垂直，将水倾入水盂中。	●弃水入盂后，杯子先回正，再收回。

（续表）

项目	步骤	要领
	●品茗杯回正，在茶巾上压一下，吸干杯底水渍，放回原处。	●温品茗杯的时间，一般是茶叶的浸泡时间，可长可短，根据具体情况而定。

注意事项：

身体中正。

用心专注，眼睛盯着温烫的茶具，用心与之交流，不要东张西望，心不在焉。

肩关节放松，肘关节下坠，放松静心，身体不要大开大合。

手腕转动，而不是整个手臂转动。

（三）注水

注水是茶艺冲泡手法的关键，不同的注水方式会产生不同的水线走势，影响茶汤的滋味与香气，根据泡茶用具和冲泡的茶品需要，注水有四种方法，分别为斟、冲、泡、沏，其中冲水法又分高冲、定点冲两种。具体内容见表11-3。（图见第19页"注水技巧"）

表 11-3　注水技巧

项目	操作手法	要领
斟水法	●手提水壶，往盖碗里注水，水流均匀，沿着碗壁逆时针旋转一圈或几圈，注水至需要的量时收水。	●平稳注水。 ●适合冲泡原料比较细嫩的、对温度要求不高的茶叶。
高冲法	●手提水壶，对准泡茶器中心从最高处往下注水，水流均匀，注水至需要的量时在高处收水。	●高处冲水，水的冲力较大。 ●适合冲泡原料比较成熟的、外形比较紧结的、需要快速出汤的茶叶。
定点冲法	●手提水壶，对准玻璃杯（泡茶器）9~12点之间位置的杯壁从高处往下注水，水流均匀，注水至需要的量时在低处收水，使茶叶在杯内上下翻滚，以使茶汤浓度上下均匀。	●相对固定在某一个位置冲水，水的冲力较大。 ●有时需要反复三次注水。 ●适合冲泡快速出汤的茶叶。
泡法	●手提水壶从高处往下注水，水流均匀，水流紧贴着泡茶器的壁逆时针旋转一圈，注水至需要的量时在高处收水。	●水的冲力较小，茶汤柔和。 ●适合冲泡细嫩的茶叶。
沏法	●右手提壶，左手持碗盖成45°，水流先慢慢淋在碗盖内壁上，再慢慢流入盖碗中。	●注水温柔，水的冲力小。 ●使用盖碗泡茶。 ●需要快速使水温下降时用。 ●适合冲泡原料细嫩的茶。

📖 任务引入

唐人封演在其《封氏闻见记·饮茶（卷六）》中记载了一个有趣的故事：

御史大夫李季卿宣慰江南，至临淮县馆，或言伯熊善茶者，李公请为之。伯熊着黄衫，戴乌纱帽，手执茶器，口通茶名，区分指点，左右刮目。茶熟，李公为啜两杯而止。既到江外，又言鸿渐能茶者，李公复请为之。鸿渐身衣野服，随茶具而入。既坐，教摊如伯熊故事，李公心鄙之。茶毕，命奴子取钱三十文酬煎茶博士。

简言之，茶圣陆羽和煎茶大师常伯熊比试茶艺，结果陆羽败下阵来。令茶圣陆羽比赛失败的原因是什么呢？

📖 任务分析

本案例中，令陆羽茶艺比赛失败的原因主要有三方面：第一，常伯熊比陆羽会打扮，常伯熊"着黄衫，戴乌纱帽"，重视仪表，而陆羽则"身衣野服"。第二，常伯熊比陆羽会表演，常伯熊"手执茶器"，行云流水，进行煎茶表演；而陆羽"既坐，教摊如伯熊故事"，教人摆设茶具，开始煎茶。第三，常伯熊比陆羽会讲解，常伯熊"口通茶名，区分指点"，重视沟通，而陆羽则缺少这个环节。

可见，在煎好茶、泡好茶的基础上，与之相应的操作手法和表演形式也非常重要。

📖 任务实施

一、绿茶玻璃杯茶艺

绿茶是中国生产量和消费量最大的茶类，四大茶区都有生产，外形最丰富，可用杯泡、壶泡、碗泡，器具的材质可以选用玻璃、陶、瓷等。为充分展现不同绿茶的特性，茶艺冲泡时分别采用上投法、中投法和下投法，下面是下投法的玻璃杯茶艺操作流程。具体内容见表11-4。（图见第20页"绿茶玻璃杯茶艺"）

表 11-4 绿茶玻璃杯茶艺操作流程

步骤	操作规范
备具	●将三只玻璃杯杯口向下，依次置于茶盘右上至左下的对角线上。 ●水壶放在茶盘右下角，水盂放在左上角。 ●茶叶罐放在中间玻璃杯前；茶荷叠放在茶巾上，放在中间玻璃杯后；茶匙放在茶荷上面。
备水	●烧水，沸腾后注入水壶中备用。
上场	●身体放松，挺胸收腹，目光平视，上手臂自然下坠，腋下空松，小臂与肘平，茶盘高度以舒服为宜，离身体约半拳距离，右脚开步。

（续表）

步骤	操作规范
放盘	●右蹲姿，右脚在左脚前交叉，身体中正，重心下移，双手向左推出茶盘，平放在茶桌上。
布具	●从右至左布置茶具，先双手取水壶放在茶盘外右侧，再移茶荷，放于茶盘左下方。 ●再取茶巾，放于茶盘下方。取茶叶罐，沿弧线移至茶盘左上方。 ●取水盂，沿弧线移至水壶左下方。 ●从右上角杯起，依次翻杯。
行礼	●双手贴着身体，滑到大腿根部，头、背成一条直线，以腰为中心，身体前倾15°，停顿3秒钟后，身体带着手起身成站姿。
入座	●入座，正对前方坐正，略带微笑，平静思绪，用目光与品茗者交流。
取茶	●左手持茶罐，右手开盖放于桌上，然后右手手心朝下，虎口成圆形，掌心为空，持茶匙取茶。
赏茶	●双手托住茶荷，自然弯曲成抱球状，双肩放松，肘关节下坠，然后腰带着身体从右转向左，请品茗者赏茶，同时目光注视品茗者。
温杯	●往玻璃杯中注水至1/3满，逐一温烫三个茶杯。
投茶	●逐杯投茶，每杯约3克。
润茶	●逐杯定点注水，至杯子的1/4处。要求注水细匀连贯。
摇香	●双手持玻璃杯，慢速旋转一圈，快速旋转两圈，逐杯摇香后放回原处。
冲泡	●用"凤凰三点头"定点冲泡法注水，逐杯冲水至2/3满。
奉茶	●端盘行奉前礼，玻璃杯放至品茗者右侧伸手可及处，行奉中礼，左脚往后退一步，右脚并上，行奉后礼。转身，移动盘中玻璃杯至均匀分布，移步至其他品茗者对面再奉茶。
品饮	●回座，双手捧起玻璃杯，先观色，再闻香，最后品饮。
收具	●从左至右，将茶具按"原路"的顺序收回，即最后一件从茶盘里移出的器具最先收回，并放回茶盘原来的位置上：先收水盂，之后是茶罐、茶巾、茶荷、水壶。最后端盘起身。
离场	●左脚后退一步，右脚并上，行鞠躬礼，转身，端盘离场。

二、红茶盖碗茶艺

红茶可以用盖碗、杯、壶等冲泡，器具质地一般以陶与瓷为主。下面是红茶盖碗茶艺流程（见表11-5），以小叶种工夫红茶为例，选用瓷盖碗与品茗杯，内壁均为白色，可观汤色。（图见第21页"红茶盖碗茶艺"）

表 11-5 红茶盖碗茶艺操作流程

步骤	操作规范
备具	●将三个品茗杯倒扣在杯托上,形成"品"字形,放于茶盘中上位置,其余器具左右两边均匀分布。 ●茶盘内右下角放水壶,右上角放水盂,茶荷叠置于茶巾上,放在茶盘中间内侧。公道杯、盖碗、茶叶罐自上而下依次放于茶盘内左侧位置。
备水	●参照表11-4中的备水操作规范。
上场	●参照表11-4中的上场操作规范。
放盘	●参照表11-4中的放盘操作规范。
布具	●按从右至左的顺序布置茶具,先双手取水壶放在茶盘外右上侧。 ●移茶荷,放于左下方;取茶巾,放于茶盘后;取茶叶罐,沿弧线移至左上方;取水盂,沿弧线移至水壶左下方。 ●从右下角品茗杯(含杯托)起,依次翻杯,置于正前方。 ●盖碗在正中,公道杯位于盖碗左上方45°方向。
行礼	●参照表11-4中的行礼操作规范。
入座	●参照表11-4中的入座操作规范。
取茶	●参照表11-4中的取茶操作规范。
赏茶	●参照表11-4中的赏茶操作规范。
温碗	●注水至盖碗的2/3满,温碗。
投茶	●投茶约3克。
摇香	●双手托起盖碗,右手拇指压住碗盖,四指并拢托碗底,于胸前振荡三次。 ●侧身,将碗盖向自己的方向打开一条约15°的缝隙闻香。 ●将盖碗放回原处。
温公道杯	●双手旋转温烫公道杯。
温品茗杯	●将温烫公道杯的水依次注入3个品茗杯,依次温烫品茗杯。
冲泡	●用斟水法注水入盖碗,至2/3满。
出汤	●以"三龙护鼎"手法持盖碗出汤,将茶汤倒入公道杯中。
分汤	●右手持公道杯,从右至左逐一将茶汤均匀倒入三个品茗杯。如果左手持公道杯,则从左至右分汤。
奉茶	●端盘行奉前礼,茶杯放至品茗者右侧伸手可及处,行奉中礼,左脚往后退一步,右脚并上,行奉后礼。转身,移动盘中品茗杯至均匀分布,移步至其他品茗者对面再奉茶。
品饮	●回座,左手持杯,右手托底,端起品茗杯,先观色,再闻香,最后品饮。
收具	●参照表11-4中的收具操作规范。
离场	●参照表11-4中的离场操作规范。

三、乌龙茶小壶茶艺

乌龙茶大多用小壶泡或盖碗泡。条索形的（如广东凤凰单丛）一般用盖碗，颗粒状的（如福建铁观音）一般用小壶。小壶冲泡所用茶具主要有一把小壶、几组品茗杯和闻香杯。小壶质地可以是陶、瓷、金属等，通常选用收口、深腹的壶以聚香；品茗杯以内壁白色为佳，便于观汤色；闻香杯为圆柱状，稍高，收口，用来闻香。下面是颗粒状乌龙茶（如台湾的冻顶乌龙、福建安溪铁观音等）的紫砂壶茶艺操作流程。具体内容见表11-6。（图见第22页"乌龙茶小壶茶艺"）

表 11-6　乌龙茶小壶茶艺操作流程

步骤	操作规范
备具	●将四个品茗杯与四个闻香杯分成两排，置于茶盘中上方。 ●茶盘内右下角放水壶，左下角依次放置茶道组、杯垫、茶叶罐、茶荷，中间依次摆放小壶、茶巾。
备水	●参照表 11-4 中的备水操作规范。
上场	●参照表 11-4 中的上场操作规范。
放盘	●参照表 11-4 中的放盘操作规范。
布具	●按从右至左的顺序布置茶具，先双手取水壶放在茶盘外右上侧。 ●移茶荷，置于茶盘外左下方；取茶巾，置于茶盘中下方；取茶道组，沿弧线移至茶盘外左上方；取茶叶罐，置于茶道组下方；取四个杯垫，正面朝上，置于茶叶罐下方。 ●品茗杯、闻香杯各分成两行，分置于茶盘内上方左右两侧。
行礼	●参照表 11-4 中的行礼操作规范。
入座	●参照表 11-4 中的入座操作规范。
取茶	●参照表 11-4 中的取茶操作规范。
赏茶	●参照表 11-4 中的赏茶操作规范。
温壶	●注水至紫砂壶的 2/3 满，盖上壶盖，再在壶上浇一圈，温壶。
温品茗杯和闻香杯	●将温壶的水依次注入品茗杯和闻香杯，进行温烫。
投茶	●取茶漏放到小壶口上。左手持茶荷，右手持茶则，将茶叶沿茶漏拨入茶壶，最后左手取回茶漏。
润茶	●悬壶高冲注水，然后弃水。
冲泡	●用高冲法注水，至溢出，刮沫盖上壶盖。
出汤	●以"三龙护鼎"的手法持壶出汤，将茶汤以"关公巡城"的方式三巡倒入闻香杯中。

（续表）

步骤	操作规范
奉茶	●双手取杯托，右手取对应位置的品茗杯与闻香杯放在杯托上，将品茗杯扣在闻香杯上。双手握杯托，放于奉茶盘左前。端盘奉茶。
品饮	●向前方示意，一起品茶。手腕转动，从手心朝上，快速翻转至手心朝下。 ●左手持品茗杯，右手慢慢旋转并提起闻香杯，然后并排放在杯垫上。 ●右手拿起闻香杯，放在左手手心，与右手一起上下滚动闻香，然后放下。左手持品茗杯，右手托杯底，三口品饮茶汤。
收具	●参照表11-4中的收具操作规范。
离场	●参照表11-4中的离场操作规范。

另外，茶艺表演还需要提前编写茶艺文案。茶艺文案是茶艺表演的理论载体，讲究综合性和整体性，文案的编写流程和内容直接关系到茶艺表演的外在表现形式，整个茶艺表演围绕着文案的内容，赋予文案鲜活的生命力。作为一个指导性的纲领，文案的各要素之间不是相互独立，而是相互融合、彼此和谐的，一般应包含以下内容：①标题；②主题阐述；③所选茶品、茶具；④背景音乐；⑤服饰选择搭配；⑥解说词与解说人；⑦结构图示（空间展示）；⑧结束语；⑨作者署名。

🫖知识拓展

泡好一杯中国茶

中国是茶的故乡，无论是平民百姓的"柴米油盐酱醋茶"，还是文人雅士的"琴棋书画诗酒茶"，都充分说明茶已融入国民的日常生活中。我国茶叶品类繁多，冲泡技术各不相同，每个人泡出的茶汤滋味、汤色和香气也各不相同。如果能掌握好泡茶的关键技术和技巧，真正泡出一杯好茶就容易多了。

一、泡茶用水的选择

"水为茶之母，器为茶之父。"唐代陆羽在《茶经》中，针对泡茶用水，提出"山水上，江水中，井水下"的原则和品质次第。到了现当代，由于各种人类活动的影响，许多水质受到影响或污染，对泡茶用水的要求也有了相应的改变：应达到安全卫生和基本的"无色、无味"等感官标准要求，符合GB5749—2006《生活饮用水卫生标准》，应澄清透亮，无色，无异味，无混浊，无肉眼可见物（沉淀）。

不同茶叶、不同需求的人对水的选择也不同，在符合基本水质指标要求的前提下，泡茶用水一般应坚持"三低"原则，即低矿化度、低硬度、低碱度。

二、茶水比

茶水比就是泡茶器中茶与水的比例，在茶器和茶类一定的情况下，投茶量至关重要。一般用投入1克茶所需的用水量（毫升）来表示，如茶水比为1∶30，是指投入1克茶的用水量是30毫升。实验发现，不同茶类的茶水比例有一定的范围（见表11-7）。

三、泡茶水温

泡茶水温对茶汤的质量而言至关重要，原因主要有两个。第一，泡茶水温与浸出物质的速度与量有密切关系。实验表明水温与茶叶内含物质在茶汤中的浸出量呈正相关，也就是说，水温越高，茶叶内含物质就越容易浸出，反之亦然。水温还与香气物质挥发有关。水温高，香气物质挥发在空气中的量会多，鼻中嗅觉细胞就更易感受到。所以，水温是调控茶汤滋味和香气的有效手段。第二，水温与茶叶中不同内含物质的浸出速度紧密相关。研究显示，茶多酚、咖啡碱在高水温下可快速浸出，茶汤呈苦涩味；低水温下，浸出较慢，茶汤苦涩味较低。氨基酸在低水温下即可浸出，随着时间的延长，浸出越多，茶汤鲜味越浓（见表11-7）。

四、浸泡时间

浸泡时间是指茶叶在水中浸泡后离水前的时间。浸泡时间与茶汤浓度呈正相关。时间短了，茶汤色淡味寡，香气不足；时间长了，茶汤太浓，汤色过深，茶香也会因飘逸而变得淡薄。所以，茶汤的滋味是随着冲泡时间延长而逐渐增浓的，直到到达一个平衡点。一般情况下，在同样的水温下浸泡，茶叶中有效成分浸出的速度有快有慢，首先浸泡出来的是维生素、氨基酸、咖啡因，然后是茶多酚、多糖等，随着时间的延长，浸出物含量逐渐增加，造成在不同的冲泡时间段，茶汤的滋味、香气各不一样。此外，茶类不同，适当的浸泡时间也有所差异（见表11-7）。

表 11-7　不同茶类适宜的冲泡条件

茶类	茶水比	泡茶水温	浸泡时间
绿茶	1∶50~1∶80	80~95℃	1~3 分钟
红茶	1∶50~1∶80	80~95℃	30 秒~1 分钟
乌龙茶	1∶20~1∶30	沸水	15~45 秒

（续表）

茶类	茶水比	泡茶水温	浸泡时间
黄茶	1:30~1:50	80~100℃	1分钟
白茶	1:20~1:30	90~100℃	1分钟
黑茶	1:20~1:30	沸水	5~20秒

任务考核·理论考核

1.（单选题）绿茶适宜的冲泡水温是（　　）。

A.90~100℃　　　B.80~95℃　　　C.70~85℃　　　D.60~75℃

2.（单选题）用沏法注水时，右手提壶，左手持碗盖成（　　）角，水流先慢慢淋在碗盖内壁上，再慢慢流入盖碗中。

A.65°　　　　　　B.55°　　　　　　C.45°　　　　　　D.15°

3.（单选题）茶艺按照不同的标准，可以划分为不同的类别。根据（　　），可分为玻璃杯茶艺、紫砂壶茶艺、盖碗茶艺、长嘴壶茶艺等。

A.涉茶群体　　　　　　　　　　B.冲泡所用茶具

C.演示地区　　　　　　　　　　D.冲泡茶类

4.（单选题）在注水手法中，（　　）中的主要特点是稳稳地注水，适合冲泡原料比较细嫩、对温度要求不高的茶叶。

A.斟水法　　　　B.泡水法　　　　C.冲水法　　　　D.沏水法

5.（单选题）茶类不同，浸泡时间有差异，一般情况下，白茶的适宜冲泡时间是（　　）。

A.4分钟　　　　　B.3分钟　　　　C.2分钟　　　　D.1分钟

6.（多选题）茶艺的要素除了茶艺师的仪表和营造的环境外，还包括（　　）。

A.选茶　　　　　　B.择水　　　　　C.备器　　　　　D.技艺

7.（多选题）茶艺基本动作中温杯操作的基本要求是（　　）。

A.身体中正　　　　　　　　　　B.眼睛盯着温烫的茶具

C.放松身心　　　　　　　　　　D.转动手腕

8.（多选题）不同茶叶、不同需求的人对水的选择也不同，在符合基本水质指标要求前提下，泡茶用水一般应坚持"三低"原则，指的是（　　）。

A.低矿化度　　　B.低硬度　　　　C.低碱度　　　　D.低酸度

9.（多选题）茶艺要素除了人之美和茶之美外，还包括（　　），茶艺各种要素的完美组合才可使茶艺达到尽善尽美的超凡境界。

A.水之美　　　　　B.器之美　　　　　C.艺之美　　　　　D.境之美

10.（多选题）根据茶事功能来分，茶艺类型主要有（　　）。

A.生活型茶艺　　　B.经营型茶艺　　　C.表演型茶艺　　　D.儿童茶艺

11.（判断题）广义的理解，茶艺包括茶的种植、制造、品评、沏泡、品饮技艺；狭义的理解，茶艺为泡茶、品茶的技艺，包括备器、择水、取火、候汤、品饮等。（　　）

12.（判断题）一般情况下，在同样的水温下浸泡，茶叶中有效成分的浸出速度有快有慢，首先浸泡出来的是茶多酚和多糖。（　　）

13.（判断题）为充分展现不同绿茶的特性，玻璃杯茶艺冲泡时分别采用上投法、中投法和下投法，冲泡碧螺春时会采用上投法。（　　）

14.（判断题）"三龙护鼎"手法持盖碗，是指用大拇指与中指向上托住盖碗的翻边，食指压住碗盖，固定住盖碗。（　　）

15.（判断题）茶艺行礼，先双手贴着身体，滑到大腿根部，头背成一条直线，以腰为中心身体前倾15°，然后立刻起身，身体带着手起身成站姿。（　　）

【答案】

		1.B	2.C	3.B	4.A	5.D
6.ABCD	7.ABCD	8.ABC	9.ABCD	10.ABC		
		11.√	12.×	13.√	14.√	15.×

任务考核·实操考核

表 11–8 茶艺表演模拟实训要求

实训场景	茶艺表演实训。
实训准备	●老师提前给学生发布茶艺表演实训任务，要求学生设计好茶艺主题，选择好茶具，提前到茶艺室练习。 ●老师印制评分表，分发给全班同学。
角色扮演	●两人一组，其中一人扮演评委，另一人扮演茶艺师。 ●完成一轮考核后，互换角色，再次进行。
实训规则与要求	每人完成一套茶艺表演，拍摄成视频，互相评分。
模拟实训评分	见表 11–9。

表 11–9 茶艺操作模拟实训评分表

序号	项目	评分标准	分值	扣分标准	得分
1	仪表仪容	发型、服饰与茶艺协调，形象得体，表情自然，姿势端正大方，具有亲和力。	10	发型、服饰与茶艺表演类型不协调，扣1分。	
				视线不集中，表情不自然，扣1分。	
				坐姿不正，站姿、走姿摇摆，扣1分。	
				手势中有明显多余动作，扣1分。	
2	茶席布置	茶具组合完整，与主题协调，布局合理有序，便于操作。	10	茶具配套不齐全，或有多余的茶具，扣2分。	
				茶席缺乏艺术感和美感，扣1分。	
				茶具质地或色彩不协调，扣1分。	
				茶具、配具搭配不合理，扣2分。	
				茶具摆放错乱，搭配不协调，扣3分。	
3	音乐配置	根据主题配置音乐，具有较强的艺术感染力。	5	音乐与主题基本一致，扣1分。	
				音乐与主题基本一致，欠艺术感染力，扣2分。	
				音乐与主题不协调，扣3分。	
4	冲泡程序	冲泡程序契合茶理，投茶量合适，水温、冲水量及时间把握合理。	20	未能正确选择所需茶叶，扣1分。	
				茶汤过多或过少，扣2分。	
				水温与所选茶叶不相符合，过高或过低，扣1分。	
				冲泡过程中个别顺序混乱，扣3分。	
				冲泡程序不符合茶理，顺序混乱，扣5分。	

（续表）

序号	项目	评分标准	分值	扣分标准	得分
5	操作手法	操作动作适度，手法连绵、轻柔、顺畅，过程完整。	25	能基本完成，手法尚顺畅，扣2分。	
				能基本完成，表情尚自然，手法尚轻柔，扣5分。	
				未能连续完成，表情紧张，手法生硬，扣10分。	
6	奉茶收具	奉茶姿势自然，收具完好。	15	端盘行奉前礼，品茗杯未能放至品茗者右侧伸手可及处，左右脚不和谐，扣3分。	
				转身，未移动盘中品茗杯至均匀分布才移步至其他品茗者对面再奉茶，扣3分。	
7	茶词	茶词主题突出，简洁生动，有吸引力。	10	茶词主题较突出，较简洁，扣1分。	
				茶词主题不突出，有一定吸引力，扣2分。	
				茶词出现意识形态错误，扣5分。	
8	时间	在15分钟内完成茶艺操作。	5	超过或少于2分钟以内，扣1分。	
				超过或少于3分钟以内，扣2分。	
				超过或少于5分钟以内，扣3分。	
总分（满分为100分）					
教师评价					

任务 **12**
茶席设计

思维导图

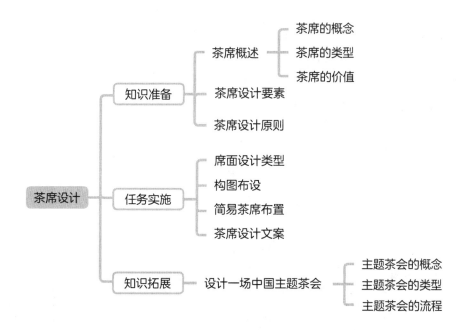

学习目标

1.知识目标:了解茶席的概念、茶席的类型、茶席的要素、茶席的设计原则和设计内容。

2.技能目标:掌握茶席要素的选择和使用,掌握茶席设计的内容和操作流程,独立完成主题明确的茶席设计和动态演示。

3.思政目标:热爱传统茶文化,感受茶席传递的真善美,在布设茶席中领悟中正和谐思想,提高审美情操和人文素养。

🫖知识准备

一、茶席概述

（一）茶席的概念

茶席，是自二十世纪八九十年代至二十一世纪初在茶文化生活中悄然普及的一个名词。中国当代"茶席"一词，在2002年童启庆主编的《影像中国茶道》中首次被论述。书中认为茶席是"泡茶、喝茶的地方，包括泡茶的操作场所、客人的座席以及所需气氛的环境布置"。2005年，乔木森在《茶席设计》一书中提出："所谓茶席设计，就是指以茶为灵魂，以茶具为主体，在特定的空间形态中，与其他的艺术形式相结合，所共同完成的一个有独立主题的茶道艺术组合整体。"2011年，蔡荣章在《茶席·茶会》一书中提出，"茶席"是为茶道之美或茶道精神而规划的一个场所。2018年，陈燚芳在《一方茶席》著作中提出，"茶席"是茶道（或茶艺）表现的场所。

综上可见，茶席是茶事活动进行的空间，是为泡茶、品茶、奉茶提供环境的，是以茶为核心，围绕茶而设计的艺术空间，以茶品、茶具、插花等物态为构成要素，共同呈现的具有独立茶文化主题的饮茶活动区域。从广义看，茶席可大可小，小到一个托盘、一块茶巾，大到以天地为席，以山水为画。从狭义看，茶席是茶艺表现的场所，是为表现茶艺之美或茶道精神而规划的一个场所，包括为泡茶、奉茶、品茶而设的桌椅和地面的空间，并非任意一个泡茶的场所都可称为茶席的。

（二）茶席的类型

根据茶艺师泡茶操作需要、茶席设计风格、茶席不同功能等，可以划分不同的茶席类型。具体内容见表12-1。（图见第23页"茶席的不同类型"）

表 12-1　不同茶席类型及其含义

分类依据	茶席类型	主要含义
根据泡茶操作需要划分	地面茶席	●指在地面上铺设茶席，操作人须以跪姿或盘坐姿进行操作，比较适合在野外，氛围自由轻松。
	桌面茶席	●指在高低不等的桌面上铺设茶席，操作人须以坐姿或站姿进行操作，比较适合在室内，氛围庄重雅静。
根据茶席风格不同划分	古典型茶席	●体现传统文化主题，展示琴棋书画诗乐等古典之美，表达和谐喜庆、文人情怀、雅致幽美的意境。
	艺术型茶席	●体现创意文化主题，展示茶器配饰等综合艺术之美，表达以小见大、舒适简单、创意无限的意境。
	民俗型茶席	●体现民族文化主题，展示"一方水土养一方人"的民俗之美，传递民族元素、地方特色、民俗风情的意境。

（续表）

分类依据	茶席类型	主要含义
	宗教型茶席	●体现宗教文化主题，展示"一花一世界，一叶一菩提"的禅意之美，表达瘦、皱、漏、空、透、远等意境。
根据茶席功能不同划分	家庭生活式茶席	●适用范围最广，爱茶人的家中一隅、办公室一角、茶话会等都有生活式茶席。以实用为主，其目的是能够从容便捷地泡好一杯茶。
	舞台表演式茶席	●越来越多地出现在诸如城市广场、主题雅集等场合，在精心营造的优雅环境中，在茶人运壶行茶的动静相宜中，展现茶席之美。
	产品展销式茶席	●茶馆、茶楼、茶坊、茶艺馆、茶叶店、茶具店、茶叶展销等经营场所的茶席，以泡茶为主，为客人品茶和展销产品提供服务。
	陈列展览式茶席	●多用于藏品展示，在茶博物馆或博览会中，用有历史的茶具设计茶席，一方面展示古代工匠的精湛技艺和茶文化理念，另一方面呈现古代饮茶方式，茶席布置主要用来观摩学习，强调审美价值。

（三）茶席的价值

1.实用价值

茶席，首先是一种物质形态，所以实用性是它的第一价值。茶席不在于多美多奇多幽多雅，关键是要让人有一种想坐下来喝茶的感觉。生活式茶席和经营式茶席都是以实用性为主。

2.审美价值

茶席，是茶艺之美的最直观的表达，方寸之间展示着茶器之美、茶人之美、行茶之美。舞台表演式茶席和展览式茶席主要突出审美价值。

3.社交价值

茶席，只有人的参与才具有生机。泡茶、品茶、谈茶，都在这一方小小的茶席上进行，通过茶席，达成茶与人、人与人、人与境之间的交流，实现茶席的社交价值。

二、茶席设计要素

（一）茶品

茶品是茶席设计的灵魂。第一，茶的颜色，丰富多彩。中国六大茶类，其颜色各有差异。第二，茶的形状，千姿百态。有的挺直似针，有的卷曲如螺，有的满披银毫，争艳斗芳，引人关注。第三，茶的名称，诗情画意。如西湖龙井、恩施玉露、太平猴魁、香妃翠玉等，虽无"茶"字，却处处蕴含茶的魅力。

（二）茶具

茶具是茶席设计的基础。茶席上的茶具多以组合的形式呈现，应符合美学规律，同时便于操作。在茶席设计时，重点考虑茶具的种类、色泽、质地、样式、装饰、轻重、厚薄、大小及文化内涵等。茶的种类不同、饮茶地域不同、品茶环境不同，所选用的茶具组合也各有不同。

（三）茶人

茶人是茶席设计的主体，既是设计者又是演示者。茶人的内在气质、修养、学识，能够通过外在的礼仪、着装、谈吐等表现出来，是茶席主题展现的焦点。

（四）铺垫

铺垫是以棉、麻、丝、沙石等为材料，整体或局部铺于桌面或地面，起铺衬、托垫作用的物品的统称。铺垫的类型，主要分为织品类（如棉、麻、丝等）和非织品类（如树叶、沙、石等）。铺垫的质地、款式、大小、色彩、纹饰，需根据茶席设计的主题，运用对称、不对称、烘托、反差、渲染等手段加以选择。铺垫可以单层使用；也可以有两层，一层打底，一层为桌旗；也可以是多层叠铺，用以增加层次感；或摊在地上，或搭一角、垂一隅，丰富茶席的设计语言。注意，不是所有的茶席都需要铺垫，质地好的原木桌、石桌，有美丽的天然肌理，可以不用铺垫或局部铺垫。

（五）插花

受宋代文人生活四艺"焚香、挂画、插花、点茶"的影响，现代茶席一般都有花的元素。茶席插花必须体现茶席的主题，其基本特征是：简洁、淡雅、小巧、精致，立意重在体现"真、新、高、洁"。茶席花器一般不大，质地以竹木、草编、藤编、陶瓷、紫砂为主，体现原始、质朴、自然之美。茶席花材选择范围广，以观赏性划分，可分为观花、观叶、观枝、观果四类，可以在山间野地随地取材，也可以在花店购买。茶席插花的形式一般以东方自然式插花造型较为常见，一般分直立式、倾斜式、悬挂式、平卧式四种。具体内容见表12-2。（图见第24页"茶席插花的不同形式"）

表 12-2　不同形式的茶席插花及其特点

茶席插花形式	茶席插花特点
直立式	●直立式是指花材的主枝干基本呈直立状，其他插入的花材，也都呈自然向上的势头。
倾斜式	●倾斜式指花材主枝中上部，有侧枝旁出斜逸，构图优雅端庄。
悬挂式	●悬挂式是以第一主枝在花器上悬挂而下为造型特征的插花形式，求险、求新，出其不意。
平卧式	●平卧式是指全部的花材基本保持在一个平面上的插花形式，均等、低调、朴实无华。

（六）焚香

焚香，作为一种艺术形态融于整个茶席中，焚香产生的气味弥漫于茶席空间，给人一种舒适感。我国香品的种类很多，包括植物性香品、动物性香品、合成性香品三种，茶席中用香多以清雅的植物性香品为主。香炉在茶席中的摆放，要遵循以下原则：第一，不夺香。宜清淡平和，与茶相称。第二，不抢风。一般不宜将香炉放置在茶席前位、中位，而应放置于侧位。第三，不挡眼。应便于取放茶器，可以放在茶席侧位，或另设香席。

（七）挂画

挂画，又称挂轴或茶挂，是悬挂在茶席背景环境中的书与画的统称。挂画形式有单条、中堂、屏条、对联、横披、扇面等。挂画内容主要是书与画，"书"以汉字书法为主，"画"以中国画为主，内容除了书写名人诗词外，也可直接写明茶席设计的主题。

（八）工艺品

根据茶席设计需要，在茶席中可以适当放置表达情感、传递思想、衬托主题的一些工艺品，可以是自然物，也可以是生活用品，还可以是乐器、艺术品、传统劳动用具、古物等。选择合适的工艺品与茶具巧妙配合，讲述不同的故事，能够引起欣赏者的共鸣，留下深刻印象，但要注意，应避免与主茶器冲突，避免体积过大、色彩过艳、质地不搭等情况。

（九）茶点

茶点，是在茶席中所设置的佐茶茶点、茶果、茶食的统称，已成中华茶文化的重要组成部分，其品种丰富，制作精美，色、香、味、形俱佳。选择茶点，要与品饮的茶品相适宜，其原则可概括成"甜配绿、酸配红、瓜子配乌龙"，即绿茶可选用绿豆糕、桂花糕、椰蓉糕等清淡甜点，红茶可搭配酸味茶果，乌龙茶可搭配瓜子、花生米等咸味茶食。

（十）背景

茶席的背景包括室内和室外两部分，室内背景如舞台、花窗、墙面、茶挂、屏风、博古架、展品柜、灯光等，室外背景则包括树木、远山、建筑物、水池等景观。除有形的背景之外，音乐也是茶席的重要组成部分。应根据茶席的主题选择适宜的音乐，总体上以古朴、典雅、舒缓、美妙、动听为要。一般选择以下三种：第一，传统名曲，如《春江花月夜》《潇湘水云》《高山流水》等；第二，近代品茶音乐，如《香飘水云间》《桂花龙井》等；第三，自然之声，如雨打芭蕉、松涛海浪、山泉飞瀑等精心录制的大自然的声音。

三、茶席设计原则

（一）主题明确原则

任何一个茶席设计时，首先要明确主题。茶席主题通常围绕茶品、茶事和茶人等题材进行选择。主题确定后，紧紧围绕主题展开铺陈，与主题无关的元素尽量弃用，使茶席风格独特,令人回味。

(二)简洁有序原则

茶席上的物品要摆放规整,干净清洁,没有任何瑕疵污渍,席中茶具贵精不贵多,每一件器具都无可替代,茶席上不添加任何与茶无关的器皿。茶具的摆放形式要有次第,有规矩,高低错落,疏密得当;并应遵循取用方便的原则,不越物、不障碍、不牵绊。

(三)和谐统一原则

"和"有很宽泛的意义,首先是茶具的色调、材质、器型等,然后是整体茶席的语境与所冲泡的茶叶的关系等,都应该有相关联的和谐元素,更重要的是行茶者的妆容及情绪要与整个茶席和合协调。

(四)实用舒适原则

一个理想的茶席,首先应符合人体工学的原理,还要做到便于铺设、方便操作、易于收纳。桌椅的高度、间距与泡茶人的身材比例相适合,座椅稳定、舒适,手脚伸展便捷;茶具组合处于茶席显著位置,茶具摆放在泡茶人的一臂范围内,肢体舒适平衡,体现和谐之美。

任务引入

学生A正在茶艺室独自摆放茶具,学生B进来了。

学生B:你在做什么?

学生A:我预习了"茶席设计",觉得很有意思,就自己尝试着布置了一个小茶席。

学生B:感觉还不错哦,不过色彩好像太花了,盖碗为什么要放在这里?

学生A:我想表达春天的绚丽多彩。至于盖碗,我是随便放的。

学生B:你的茶席主题和春天有关系吗?

学生A:还不太确定。

学生B:那你准备泡什么茶?

学生A:茶席设计还要考虑泡茶呀?

任务分析

本案例中,学生A和学生B的话题围绕着茶席色彩和茶具摆放等展开。学生A的茶席主要存在三方面的瑕疵:第一,没确定茶品,所以茶席主题未作考虑;第二,茶席色彩太花哨;第三,茶具摆放没有规律。

茶席设计的基本要求,一是舒适,二是美观,三是便于操作,四是寄予思想与情感。

茶席的色彩搭配是表达茶席意象的主要方式,应注意色彩的冷暖感、轻重感和软硬感,遵循均衡原则,左右、上下、前后平衡,让人视觉上、心理上产生平衡感和安全感。从色彩搭配技巧上看,茶席的色彩组合一般不超过3种色彩,要有主色调,要么暖色调,要么冷色调，不宜平均使用各色。另外，茶席中的器物搭配要注意和谐。茶具的色泽、质地、器形与线条应协调一致，要与茶席主题相吻合。器物的数量和大小要和谐，体型大的器物数量不宜多，一般1~2件，中等体型器物2~4件，小器物数量可以多些，4~8件，太多则显得拥挤，没有层次感。

茶席上的每一件器物都必须服从于"茶"这个主体，不能喧宾夺主，要根据茶席主题选择茶具。同一种茶品，不同地域、不同民族有不同的品饮方式，如南方工夫茶、北方盖碗茶、边疆调饮茶，因此不同的茶事活动，应选择搭配不同的茶具。

任务实施

一、席面设计类型

席面设计要求尺寸适宜、造型美观、方便实用、操作舒适。泡茶操作大致包括坐姿、跪姿、盘坐姿和站姿四类基本姿势，其中以坐姿泡茶操作居多，跪姿与盘坐姿居中，站姿较少，且大多在展览或展示活动中使用，以利于提高效率。根据泡茶操作需要，席面设计类型可以分为坐姿席面、跪姿席面、盘坐姿席面和站姿席面四种。具体内容见表12-3。
（图见第24页"茶席席面设计类型"）

表 12-3　席面设计类型与要求

席面类型	设计要求
坐姿席面	●舒适的坐姿席面高度为65厘米，长度大于85厘米，宽度大于55厘米，座椅的高度应比小腿低2~3厘米，下肢重力落于前脚掌上，这也利于双脚的移动。
跪姿席面	●跪姿席面要求高度为30厘米，长度大于70厘米，宽度大于55厘米。
盘坐姿席面	●盘坐姿席面高度为30厘米，长度和宽度都大于70厘米。
站姿席面	●站姿席面高度一般为茶艺师身高的60%左右，席面长度和宽度都要大于80厘米。操作时，以茶艺师身体向前或向后倾斜不超过15°为宜。

注意事项：
泡茶空间范围一般介于手与肘关节之间，半径为34~45厘米，是路线最短、最舒适、最方便的操作范围，较大的半径为55~65厘米。
席面高度需与座椅高度相配合。席面高度一般在肘高以下5~10厘米比较合适。如果还要放置茶具等器物，台面降低10~15厘米为宜。

二、构图布设

茶席布设与绘画构图有异曲同工之妙，绘画构图用的是点、线，茶席构图用的是茶、器与物。事茶者在长期的创作实践中，总结了许多成熟、规则的结构样式，初步形成具有普遍性、规律性的茶席基本构图形式，如水平式、对角线式、三角形式、S形律动式、圆形式等。具体内容见表12-4。(图见第25页"茶席的基本构图形式")

表 12-4 茶席基本构图形式与布设要求

构图形式	布设要求
水平式	●水平式是茶席中最常用的一种构图方式,器具安排在水平直线上,席面走势可以由左及右,也可以由右及左,总体给人以平稳、端正、开阔、宽广的感觉。 ●由于重复在水平线上移动,容易造成席面形式单调、古板。 ●茶席布设时要注意疏密、大小、主次的变化。
对角线式	●对角线式也称倾斜线式,器物安排主要在一条斜线上展开,一般倾斜角度不超过45°。 ●倾斜线让席面充满变化和动感,是较为活泼的一种布设形式。 ●对角线式茶席构图形式,分为向右对角线和向左对角线两种类型。
三角形式	●三角形式席面中的器物,以三角形的基本结构进行布局,可以是正三角形,也可以是不规则三角形。 ●三角形式茶席,具有稳定、均衡且不失灵活的特点。
S形律动式	● S形律动式茶席,是一种将器物布设在曲线上的茶席形式,具有优美、流畅、柔和、圆润、动感强烈的特点。 ● S形律动式茶席能有效营造空间,扩大景深,使席面变化丰富,是茶席中常见的形式。 ● S形律动式的依据是中国道家的太极图,它使静态的茶席艺术呈现动感,在视觉上和心理上给欣赏者一种柔和迂回、婉转起伏、柔中有刚、流畅优雅的节奏感与韵律美感,远非其他形式可以比拟。
圆形式	●圆形式席面的主体器物的布局结构为圆形,席面外缘可以是圆形,也可以是长方形或正方形。 ●圆形式茶席是一种饱和、圆满、富态、旋转、运动且具有张力的布设形式。

三、简易茶席布置

(图见第26页"简易茶席布置流程")

表 12-5 简易茶席布置流程

项目	操作步骤
展布铺垫	●根据茶席主题设计需要,铺设相应的铺垫,铺垫尺寸、色彩、材质都应该有要求,采用双层平铺法。
茶具布设	●根据冲泡茶品选择茶具组合,主泡器以盖碗为例,将盖碗居中,距离桌沿约10厘米(一拳的距离),其他茶具左右摆放,要注意平衡。

（续表）

项目	操作步骤
	●公道杯，以主泡器（以盖碗为例）为定点，向右上方45°摆放，既方便出汤和分汤，又可使从前面看不至于遮挡主泡器。
	●品茗杯，以主泡器（以盖碗为例）为中心，偏左侧一字排开。这是因为古礼以左为尊，同时也考虑到茶席的左右平衡。
	●煮水器，放在左下方，即茶艺师左手执壶时可达到的最远处，壶口禁朝向客人。如果有副茶台（低于主茶台20厘米左右），可置于左手边，煮水器放在副茶台上，更便于使用。
	●水盂，摆放在煮水器斜下方，或摆放在右手边，即公道杯的斜下方45°左右。
	●茶叶罐，摆放在公道杯的斜右上方45°左右，可与品茗杯平行。
	●茶巾，折叠整齐，放置在盖碗正下方。茶针和茶荷依次放在右侧，即茶艺师方便取用的最远处，开阔、舒展；茶荷在投茶之后应翻扣于茶桌，勿使正面长时间暴露。
放置插花	●根据茶席主题设计的需要，在茶席右上方放置适宜的插花，与煮水器形成对角线。

四、茶席设计文案

　　茶席设计文案的内容一般由茶席名称、主题阐述、结构说明、茶席创新点、表达思想、作者署名等六部分构成。"结构说明"，是指对所设计的茶席由哪些器物组成、器物选择原因、如何布设、想达到的效果等内容说清楚；"创新点"主要表述在茶席形式和内容、茶与茶具的组合、色彩的搭配、构图等设计思路与方法上有什么创新点；"表达思想"方面则注意茶席设计的高度和广度。另外，茶席设计方案的字数一般应控制在1000~1200，字数的统计可在方案中显示或不显示，根据要求决定。

知识拓展

设计一场中国主题茶会

　　作为一张极具中国元素的文化名片，中国茶正积极承担新时代民族文化传播的重任，成为沟通人与人、地区与地区、中国与世界的文化桥梁。2014年3月27日，习近平在巴黎联合国教科文组织总部发表演讲，说到著名的"茶酒论"，提出可以"品茶品味品人生"。为倡导"茶为国饮"，普及茶知识，弘扬茶文化，营造"知茶、爱茶、饮茶"的氛围，弘扬"廉、美、和、敬"的中国茶德思想。从2009年杭州举办首届全国"全民饮茶日"活动开始，尤其是2019年11月27日第74届联合国大会宣布将每年5月21日设为"国际茶日"后，以茶为媒、以茶会友、以茶联谊的茶叙社交活动越来越多。茶会与雅集，是茶文化在社会生活及人际交往中的一种体现形式。无论是"琴棋书画诗酒茶",还是"柴米油盐酱醋茶",茶所具备的包容性、互融性,使其成为社交场上的润滑剂。

一、主题茶会的概念

茶会,古称茶宴或茶集,是一种面向特定人群举行的,具有一定规模,带有某种目的,以茶文化为重要依托,以品茗赏艺、展示茶席为主要内容的聚会,是茶文化交流和传播的重要平台。所谓主题茶会,是围绕单个或一系列既定的主题来举行的,向与会者提供茶艺表演、茗茶品鉴和文化交流为目的,通过茶及关联器物配置与情境营造而设计的主题突出的茶会雅集。主题茶会十分注重内容和形式,往往通过一系列茶席设计作品来渲染现场气氛,并通过作品的动态演示,使人们身临其中,通过参与、观察和联想,融入所设定的文化氛围和艺术空间中,实现茶文化的展示、交流和传播。

二、主题茶会的类型

根据茶会主题,一般可将茶会分为鉴赏类茶会、时令节日类茶会、联谊类茶会、纪念类茶会、研讨类茶会、喜庆类茶会、商务类茶会等类型(见表12-6)。

表 12-6　主题茶会基本类型

主题茶会类型	主题茶会含义	举例
鉴赏类茶会	●针对特定的艺术作品进行审美、欣赏、理解、评判等的茶会。	如春茶品鉴会、音乐茶会、紫砂壶鉴赏主题茶会、书法欣赏茶会、陶瓷鉴赏茶会等。
时令节日类茶会	●在传统的节气和节日举行的茶会。	如立春茶会、冬至茶会、元旦茶会、端午茶会、中秋茶会、重阳茶会等。
联谊类茶会	●成员之间或者团体之间以联络感情、增进友谊为目的而组织的茶会。	如同窗茶会、茶友联谊茶会、知青联谊茶会、文艺联谊茶会等。
纪念类茶会	●为纪念重大事件或重要人物而举行的茶会。	如"五四"茶会、香港回归祖国周年茶会、公司成立周年茶会等。
研讨类茶会	●专门针对某一行业领域或某一具体讨论主题而举办的茶会。	如茶文化思想研讨茶会、茶文化传播研讨茶会等。
喜庆类茶会	●为庆祝某项事件而举行的茶会。	如婚宴茶会、升学茶会、寿诞茶会、满月茶会等。
商务类茶会	●为进行商务会谈、企业交流、品牌推介而举行的茶会。	如国际茶文化交流茶会、茶博会、茶产品展销会等。

三、主题茶会的流程

主题茶会的场地布置,主要包括迎宾引导、指示牌、签到处、净手处、抽签处设置,现场舞台主题背景及空间布置,茶席布置,公共茶水区域设置,嘉宾休息室布置等,总体要求是主题突出、风格协调、安全便利、以人为本。主题茶会正式开始后,基本流程一般包括迎宾、入场、茶会正式环节、茶会结束、交流合影等。

举办主题茶会要注意:

茶会时间要具体到点,如上午9:30—11:00,并应提前关注天气情况,最好选择天气晴朗的时机。

茶会规模要根据茶会举办性质和经费预算来确定。一般小型茶会在6人以内,中型茶会为7~30人,大型茶会在30人以上。

茶会应悬挂横幅,这是点出茶会主题的重要直观物,需精心设计,不同场合用不同的词句,文字要简练,字体要美观大方。

茶会应配有解说,即主持人。解说要坚持正确理念,声音优美流畅,内容生动准确,起到画龙点睛的作用。

茶会应有经费预算,需提前通知每位嘉宾是否收费,收费多少——这也是嘉宾决定是否参加茶会时会考虑的问题。

任务考核·理论考核

1. （单选题）茶席是以（　）为核心设计的艺术空间。

A.茶人　　　　　　B.茶品　　　　　　C.茶具　　　　　　D.茶点

2. （单选题）从色彩搭配技巧看，茶席色彩的组合一般不超过（　）种。

A.1种　　　　　　B.2种　　　　　　C.3种　　　　　　D.4种

3. （单选题）在茶席基本构图形式中，（　）是最常用的一种构图方式。

A.水平式　　　　　B.圆形式　　　　　C.梯形式　　　　　D.对角线式

4. （单选题）从茶会类型看，端午茶会和中秋茶会属于（　）。

A.时令节日类茶会　　　　　　B.鉴赏类茶会

C.纪念类茶会　　　　　　　　D.研讨类茶会

5. （单选题）主题茶会正式举行时长不宜过长，较适宜的时间是（　）左右。

A.30分钟　　　　　B.50分钟　　　　　C.60分钟　　　　　D.90分钟

6. （多选题）根据茶席风格不同划分，茶席类型包括（　）。

A.古典型茶席　　　B.艺术型茶席　　　C.民俗型茶席　　　D.宗教型茶席

7. （多选题）茶席插花的基本特征是（　）。

A.简洁　　　　　　B.淡雅　　　　　　C.小巧　　　　　　D.精致

8. （多选题）茶席设计主要原则包括（　）。

A.主题明确原则　　B.简洁有序原则　　C.和谐统一原则　　D.实用舒适原则

9. （多选题）以下属于茶席设计的基本要求有（　）。

A.舒适　　　　　　B.美观　　　　　　C.便于操作　　　　D.背景音乐

10. （多选题）根据泡茶操作需要，茶席席面设计类型可以分为（　）。

A.坐姿席面　　　　B.跪姿席面　　　　C.盘坐姿席面　　　D.站姿席面

11.（判断题）从茶席构成看，茶席主要有茶品、茶具、茶人、铺垫、插花、焚香、挂画、工艺品、茶点、背景等十大要素构成。（ ）

12.（判断题）广义来说，不是任意一个泡茶的场所都可称为茶席，必须经过规划的茶艺表现场所，才能称作"茶席"。（ ）

13.（判断题）茶席是茶艺之美的最直观的表达，审美价值是它的第一价值。（ ）

14.（判断题）茶席插花的形式以东方自然式插花造型较为常见，一般分直立式、倾斜式、悬挂式、平卧式四种。（ ）

15.（判断题）茶席器物的数量和大小要和谐，体型大的器物数量不宜多，一般1~2件，中等体型器物2~4件，小器物数量可以多些，4~8件，太多则显得拥挤感，没有层次感。（ ）

【答案】

1.B	2.C	3.A	4.A	5.D
6.ABCD	7.ABCD	8.ABCD	9.ABC	10.ABCD
11.√	12.×	13.×	14.√	15.√

🫖 任务考核·实操考核

表 12-7　茶席设计实训要求

实训场景	茶席设计实训。
实训准备	●老师提前给学生发布茶席设计实训任务，要求学生设计好茶席主题，选择好茶具，提前到茶艺室练习。 ●老师印制评分表，分发给全班同学。
角色扮演	●两人一组，其中一人扮演茶席设计者，另一人扮演观众。 ●完成一轮考核后，互换角色，再次进行。
实训规则与要求	每人完成一套茶席设计，拍摄成视频，互相评分。
模拟实训评分	见表 12-8。

表 12-8 茶席设计实训评分表

序号	项目	评分标准	分值	扣分标准	得分
1	主题特性	主题鲜明、有原创性，构思新颖、巧妙，富有内涵、艺术性及个性。	20	主题缺少内涵，原创性不强，扣2分。 主题与茶具、配具基本一致，但缺乏艺术感，扣2分。 主题与茶具不一致，缺乏构思，扣3分。 主题不明确或无主题，扣10分。	
2	器具配置	茶具与茶叶搭配合理，茶器组合完整、协调、配合巧妙。	25	茶具数量不合理，过多或过少，扣2分。 茶具大小搭配不合理，扣2分。 茶具之间质地不协调、不统一，扣2分。 茶具、配具搭配不合理，扣3分。 茶具摆放错乱，搭配欠协调，扣10。	
3	色彩和色调搭配	茶席整体配色美观、协调、合理。	10	茶具色彩搭配不够协调，扣2分。 茶具、配具色彩搭配不够协调，扣2分。 茶席整体色彩不协调，不美观，扣5分。	
4	背景配饰和音乐配置	茶席背景、插花、相关工艺品等配饰搭配完美，背景音乐能渲染主题，富有感染力。	20	茶席背景与主题搭配不协调，扣2分。 茶席插花与主题搭配不协调，扣2分。 茶席背景音乐与主题搭配不一致，感染力不强，扣2分。 茶席配饰与茶席整体搭配欠和谐，扣2分。 茶席缺少背景、插花、相关工艺品或音乐，扣3~5分。	

（续表）

序号	项目	评分标准	分值	扣分标准	得分
5	茶席文案	文字阐述准确、有深度，语言表达优美、凝练。	10	文字表述欠准确，深度不够，扣2分。	
				遣词造句不够优美、精炼，扣2分。	
				字数要求200~250字，不足或超过每15字扣1分，有错字扣1分。	
6	实用性	茶席合理且实用。	10	茶席布置具有一定的实用性，但缺乏美感，扣2分。	
				茶席布置缺乏实用性，扣4分。	
7	时间	茶席布置在10分钟内完成。	5	布席时间在10~12分钟，扣1分。	
				布席时间在12~14分钟，扣3分。	
				布席时间在14分钟以上，扣5分。	
总分（满分为100分）					
教师评价					

项目5

茶技艺篇

任务 13
茶事礼仪

思维导图

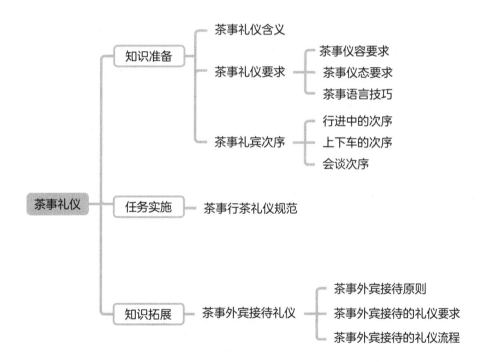

学习目标

1.知识目标:了解茶事礼仪的含义、茶事礼仪的要求、茶事礼宾次序和茶事行茶礼仪。

2.技能目标:掌握茶事礼仪和行茶礼仪,规范完成各项茶事礼仪和行茶礼仪。

3.思政目标:热爱中国茶文化,领悟礼仪内涵,提升茶艺师职业素养。

知识准备

一、茶事礼仪含义

中国是文明古国,礼仪之邦,"礼"无处不在。"不学礼,无以立。""凡人之所以为人者,礼仪也。"(《礼记·冠义》)儒家教育特别注重礼,"兴于诗,立于礼,成于乐"(《论语·泰伯》),以礼为准绳,做到"非礼勿视,非礼勿听,非礼勿言,非礼勿动"(《论语·颜渊》)。《论语·雍也》有云:"文质彬彬,然后君子",意思是一个人的内在修养和道德品质跟其外在表现同样重要。

礼仪是以客人之礼相待,表示敬意、友好和善意的各种礼节、礼貌和仪式。茶事礼仪,是指在茶事服务工作中形成的,得到共同认可的行茶礼节、礼貌和仪式,在茶事活动中塑造美,表现美,传递美。茶事礼仪要体现茶文化的廉、美、和、静、怡、真等精髓,多用含蓄、温和、谦逊、诚挚的礼仪动作,尽量用微笑、眼神、手势、姿势等传情达意,不采用太夸张的动作及客套语言。《礼记·玉藻》云:"足容重,手容恭,目容端,口容止,声容静,头容直,气容肃,立容德,色容庄。"所提及的"九容",包括了容貌情色、行立坐卧、视听言动以及服饰等方面的内容,对个人的仪表、仪态做出了明确的规定。

二、茶事礼仪要求

茶事活动中的礼仪要求参与者讲究仪容仪态和语言技巧,其中,仪容包括服装、外貌、配饰和整洁程度,仪态是指茶艺师的行为举止,语言技巧则主要是指口头表达和肢体语言。

(一)茶事仪容要求

茶事活动中,茶艺师可以化淡妆,但不能浓妆艳抹,不能使用浓香水,另外还需要注意服装、头发、双手、配饰等方面的要求。具体内容见表13-1。(图见第27页"茶事仪容要求")

表 13-1　茶事仪容要求

茶事仪容	规范要求
头发	●要求自然、大方、整洁、舒适。女性茶艺师不用浓香型洗发水、不染发、不留刘海、不散侧发,头发过肩须束起或盘起;男性茶艺师不染发、不造型,前发不及眉,侧发不及耳,后发不及领。
双手	●卫生。茶艺师在行茶前须将双手清洗干净、指甲修剪平整,不涂味道浓烈的护手霜。 ●素雅。茶艺师不宜涂颜色艳丽的指甲油,以免喧宾夺主,跟茶素雅的特质不符。 ●便利。茶艺师不宜做美甲,以免在揭盖、提壶、提碗等行茶过程中带来不便。

（续表）

茶事仪容	规范要求
服饰	●服饰搭配应符合时间T（Time）、地点P（Place）、场合O（Occasion）、角色R（Role）四项原则，简洁素雅。如春夏季，女士茶服可以选择白色、淡粉色等颜色淡雅的雪纺、桑蚕丝、亚麻或真丝质地的中袖中式轻薄款，男士茶服可以选择灰色或白色的亚麻质地短袖套装。如果是秋冬季，天气寒冷，女士茶服可以选择毛呢或羊毛质地的长袖中式长裙套装，男士茶服可以选择稍厚的螺纹棉质地的长袖套装。茶服的衣袖不宜过长、过宽松，以五分袖或七分袖为宜，以免影响行茶。配饰方面，可选择佩戴天然的玉石或珍珠作为项链和耳饰，但不宜夸张，手镯和戒指则不宜佩戴。

（二）茶事仪态要求

茶事活动中，茶艺师要注意站姿、坐姿、行姿、跪姿等方面的要求（见表13-2），整体动作要协调自然，切忌生硬与随便。（图见第27页"茶事仪态要求"）

表 13-2　茶事仪态要求

茶事仪态	规范要求
站姿	●直立站好，姿势端正，从正面看两脚跟并拢，脚尖开度在45°~60°。 ●身体重心线应在两脚中间，且向上穿过脊柱及头部，女性双脚呈丁字步（男性呈外八字），挺胸收腹，微收下颌，提臀挺拔。 ●双臂自然下垂，双肩平正，双手自然交叉（女性右手在上，左手在下；男性反之）于腹前。 ●双目平视前方，嘴微闭，面带微笑。
坐姿	●端坐椅面的前1/3部位，上身挺直，女性双腿保持并拢（男性自然分开），与肩同宽。 ●挺胸收腹，头正肩平，肩部不因为操作动作的改变而左右倾斜。 ●不操作时，双手平放在操作台上，不做多余动作，女性双手自然交叉放在桌沿或双手交握放在小腹前，男性则双手分开和肩等宽，半握拳轻放在桌沿或搭在腿上。 ●面带微笑，眼睛平视或略微垂视，表情轻松、愉悦、友善。
行姿	●上身正直，眼睛平视，面带微笑。 ●肩部放松，手指自然弯曲，手臂放松，前后摆动，摆幅约35厘米。 ●行走时身体重心稍向前倾，臀部上提，由大腿带动小腿向前迈进，步幅以20~30厘米为宜，步幅小，步子轻。 ●行走时身子不能扭动摇摆，尽量有节奏地走一条直线。 ●手持茶器具或端茶行走时，切忌步幅过大、速度过快、身体晃动。 ●需转弯时，注意迈腿先后。如向右转，先抬右脚，左脚跟上，然后再前行。

（续表）

茶事仪态	规范要求
跪姿	跪姿包括跪坐、盘腿坐和单腿跪蹲三种姿势。 ●跪坐是在站姿的基础上，右脚后错半步，双膝下弯，右膝先着地，右脚掌心向上；随之左膝着地，左脚掌心向上；身体重心调整落在双脚跟上，上身保持挺直，双手自然交叉相握摆放在腹前。 ●盘腿坐，一般男性使用。将双腿向内屈膝相盘，双手分搭于两膝。 ●单腿跪蹲常用于奉茶。左膝与着地的左脚呈直角相屈，右膝与右脚尖同时点地，上身挺直，双眼平视前方。如果桌面较高，可换单腿半蹲式，即左脚前跨，膝盖微屈，右膝顶在左腿小腿肚处。

（三）茶事语言技巧

茶事活动中，除了仪容仪态外，语言技巧也非常重要。

1.接待的语言艺术

接待顾客、介绍茶品、解答询问的语言要文明、礼貌、准确，音量适中，语音清晰，语言简洁，态度要谦恭，做到客到有请、客问有答、客走道别（见表13-3）。

表13-3 茶事接待礼仪用语

茶事接待用语类别	茶事接待礼仪用语示范
欢迎用语	●如"您好！欢迎光临！""欢迎您！""欢迎你们光临某某茶艺馆！""您好，某某先生，我们一直恭候您的光临！""您好！很高兴见到您。"
称呼用语	●使用称呼语的原则：根据对方的年龄、职业、地位、身份、辈分以及与自己关系的亲疏、感情的深浅来选择恰当的称呼。与顾客对话时要讲礼貌，并使用称呼语"先生""女士"等。
问候用语	●茶艺师如果能按每天不同的时刻问候客人，会显得更加人性化和专业化，如"您早！""您好！""早上好！""下午好！""晚上好！"等。
请求用语	●如"请用茶。""请用毛巾。""请往这边走。""请问您贵姓？""请问您爱喝什么茶？""请问您有什么事？"等。
应答用语	●有问必答，听取顾客要求时，要微微点头，使用应答语，比如"好的。""请稍等。""马上就来。""明白了。"等。
道歉用语	●服务不足或顾客有意见时，应使用道歉语，向顾客说"对不起。""打扰了。""抱歉。""请原谅。"等。
感谢用语	●得到帮助、理解、支持时，必须使用感谢语，如"谢谢！""太感谢您了！""非常感谢您的提醒！"等。
道别用语	●客人离店时，应主动使用道别语，如"再见！""谢谢光临，请慢走！""期待您再次光临！""祝您愉快！"等。

（续表）

茶事接待用语类别	茶事接待礼仪用语示范
禁用语	●在茶事服务过程中，严禁用"哎""喂"等不礼貌语言代替称呼。如对客人所提问题确实不甚了解，可以告诉客人："对不起，因为我是新来的，很抱歉不能回答您的提问，请您稍候。"不能回答"不知道"，也不应漫不经心、怠慢不理，更不可粗声恶语、高声喊叫。

2.肢体语言

口头语言辅以肢体语言，通过手势、眼神、面部表情的配合，使客人感到情真意切。"相由心生"，指的是一个人面部表情体现其内心变化，也是一种无声语言。茶艺师在提供茶艺服务或茶艺演示过程中，学会使用肢体语言尤为重要。保持自然、真诚、庄重、友善的表情，既是专业素养的体现，也是对客人的尊重。

（1）保持平和喜悦的心态

茶艺师在择茶、选器、煮水、洁具、摆器、温具、置茶、泡茶等系列操作中，如能将平和、喜悦、淡然的心态融入其中，就可冲泡出一壶有温度的茶。

（2）投以内敛关注的目光

茶艺师对茶的喜欢、热爱，对茶艺的从容、自然，对爱茶之人的热情和友善，都表现为内敛而关注的目光，能带给客人如沐春风的感觉。

（3）面带温和亲切的微笑

微笑是一种语言，能缩短人与人之间的距离，使人心情愉悦。茶事活动中，茶艺师发自内心的微笑不仅能给客人留下美好的印象，还有助于营造轻松、融洽的交往氛围。

三、茶事礼宾次序

茶事活动中，位次是否规范、是否合乎礼仪的要求，不仅反映了接待人员的素养、阅历和见识，而且反映了对交往对象的尊重程度及给予宾客的礼遇。

（一）行进中的次序

1.常规：以右为尊，以左为次。并行时讲究内侧高于外侧，右侧高于左侧；单行时讲究前方高于后方。

2.上下楼梯：上楼时，尊者、女士在前；下楼时则相反。茶艺师引领客人到达目的地，应该有正确的引导方法和引导姿势，引领时应走在客人的左前方1米左右的位置，并配合客人的步调；引领客人上楼时，应让客人走在前面，下楼则相反。上下楼梯时，应提醒客人注意安全。

3.出入电梯：茶艺师引导客人乘坐电梯时，电梯如果有人值守，一般请客人先进、先出；如果电梯无人值守，则茶艺师需先进、后出。转弯、上楼梯时，要回头以手示意，有礼貌地说声"这边请"。

4.出入房门：出入房门的标准做法是请客人先进、先出，但是如果有特殊情况，如室内无灯、昏暗时，则接待茶艺师先进，为客人开门、开灯后再请客人进去。

（二）上下车的次序

乘车时，要请客人先上车、后下车。低位者应让尊者由右边上车，然后再从车后绕到左边上车。

（三）会谈次序

接待会谈的客人时，如果会议长桌横放，则面门位置为上座，背门为下座。如果长桌竖放，以进门方向为准，右方为上座，左方为下座。茶艺师在上茶时，应懂得宾客的位次关系，以面门为上座、以中为上座、以右为上座、以远离门者为上座。

🍵 任务引入

同学A和同学B在观看茶艺表演，对选手们的行茶礼仪有不同看法。

同学A：你看到没，刚才那个《茶醉岭南》和现在这个《闲云野鹤》的茶艺表演者，在表演前行的鞠躬礼不一样啊，哪个是对的呢？

同学B：我感觉《茶醉岭南》的对。

同学A：为什么？

同学B：具体我也说不清楚，就是看着有一种庄重感。她分汤的手法感觉也比《闲云野鹤》的好。

同学A：我看两个人都一样啊，都是从左边开始分汤。

同学B：确实，都是从左边开始分，但《茶醉岭南》的表演者是用左手，《闲云野鹤》的是右手，看起来前面的更舒服些。

🍵 任务分析

本案例中，同学A和同学B对《茶醉岭南》和《闲云野鹤》两个主题的茶艺表演者的行茶礼仪进行评价，主要涉及鞠躬礼和寓意礼中的内容。第一，茶艺表演前行的是站式鞠躬礼中的真礼，是最隆重的，一般需要表演者弯腰90°，以表达敬意。《茶醉岭南》的表演者基本做到了，而《闲云野鹤》的表演者只弯腰30°左右，不够隆重。第二，《茶醉岭南》和《闲云野鹤》的表演者在分汤时，都从左边开始，给观看者的感觉不一样，主要原因是回旋手法的方向不同造成的。

茶艺表演中，表演者的动作是否规范准确，是否符合技术要求，是影响艺术美感和欣赏者心理体验的一个重要因素。规范的茶艺表演动作一般需遵守"六要六不要"：要轻灵宁静，不要笨手粗糙；要柔和优美，不要死板僵硬；要简洁明快，不要拖泥带水；要圆融流畅，不要直来直去；要连绵自然，不要时断时续；要寓意雅正，不要故弄玄虚。

任务实施

茶事服务中，尤其是茶艺表演和生活行茶操作中，动作要求轻灵、连绵、圆合。轻灵，是指行茶中做到"三轻"，即说话轻、操作轻和走路轻，取放茶具都要轻拿轻放；连绵，是指行茶动作要一气呵成，不停顿，不间断，前一个动作结束，后一个动作接着开始；圆合，是指每个行茶动作、姿势成弧状运行，伸缩自然，优美圆融。同时，茶事行茶礼仪具体规范要求要能表现出各项动作组合的韵律感，将泡茶动作融入对客交流中。具体内容见表13-4。（图见第28页"茶事行茶礼仪"）

表 13-4 茶事行茶礼仪规范

行茶礼仪		规范说明
鞠躬礼	真礼	真礼是最隆重的行茶礼仪，一般用在主客之间。 ●以站姿预备（坐式鞠躬礼：以坐姿预备），将相搭的两手渐渐分开，贴着两大腿慢慢下滑，手指尖触至膝盖上沿为止（坐式鞠躬礼：将两手沿大腿前移至膝盖），同时上半身由腰部开始倾斜，头、背与腿呈近90°弓形（坐式鞠躬礼：120°）。切忌只低头不弯腰，或只弯腰不低头。 ●双手呈"八"字轻扶于双腿上，略作停顿（三秒钟为宜），以示对客人真诚的敬意。 ●慢慢起身，目视脚尖，并面带微笑，以示对客人连绵不断的敬意，同时手沿腿上提，恢复原来站姿。动作宜平缓，切忌过快。 ●鞠躬要与呼吸相配合，弯腰下倾时呼气，起身时吸气。 ●俯下和起身速度一致，动作轻松，自然柔软。
	行礼	●一般用在客人与客人之间。要领和真礼一样，只是双手至大腿中部即可，头、背与腿约呈120°的弓形。
	草礼	●一般在说话或表演开始前用。要领和真礼一样，但只需将身体向前稍作倾斜，两手搭在大腿根部即可，头、背与腿约呈150°弓形。
伸掌礼		行茶时最常用的一种礼仪。茶艺师或主人向客人敬奉各种物品时都使用伸掌礼，表示"请"或"谢谢"。 ●左手或右手从胸前自然向左或右前伸，将手斜伸在所敬奉的物品旁边，五指自然并拢，手掌略向内凹，手心中有握着一个小气团的感觉，手腕要含蓄用力。 ●同时欠身点头微笑，一气呵成。
叩指礼	晚辈向长辈	●当长辈或上司给晚辈或下属倒茶时，晚辈或下属需要五指并拢，拳心向下，叩桌3下，形如跪拜，表达崇拜、仰慕之意。

（续表）

行茶礼仪		规范说明
	平辈之间	●平辈或同事之间倒茶，对方需中指食指并拢，叩桌3下，形如双手抱拳作揖，表达尊重、友好之情。
	长辈向晚辈	●当晚辈或下属给长辈或上司倒茶时，长辈或上司可以用食指叩桌1~3下，表达欣赏、器重之意。
寓意礼	凤凰三点头	●左手摁壶盖，右手提壶靠近茶杯口注水，再提腕，提高水壶，此时水流如"酿泉泻出于两峰之间"，接着再压腕，将水壶靠近茶杯口继续注水。如此高冲低斟3次，恰好注入所需水量，即提腕断流收水。寓意向客人三鞠躬，以示欢迎。绿茶茶艺表演中常用。
	双手回旋	●在进行回旋注水、斟茶、温杯、烫壶等动作时，如果用单手回旋，则右手按逆时针方向，左手则按顺时针方向；双手回旋时，按主手方向动作进行。寓意"来来来"，表示欢迎；反之则表示"去去去"，有赶客人离开的意思。
	放置茶壶	●放置茶壶时，壶嘴不能正对他人，否则表示请人赶快离开。其他茶叶罐、公道杯、品茗杯等茶具，如果上绘图案，则图案应正面朝客人，以示对客人的欢迎与尊重。
	斟茶礼	●高温的茶汤若斟满，不便于客人握杯品饮，所以有"酒满敬人，茶满欺人"的说法。斟茶时通常只斟七分满，寓意"七分茶，三分情"。另外，斟茶时要先分好客人的茶汤，最后才为自己添茶。
奉茶礼		●奉茶讲究先后顺序，一般应为：先客后主，先长后幼，先女后男。 ●双手端茶从客人的左后侧奉上。 ●奉茶超过两杯时应使用托盘。上茶时，要将茶盘放在临近客人的茶几上，然后右手拿着茶杯的中部，左手托着杯底，双手将茶放在客人右手边，并将杯柄稍往45°方向转向客人，同时边施以伸掌礼，边说"您请用茶！"

知识拓展

茶事外宾接待礼仪

中国素有"礼仪之邦"的美誉，"礼"无所不在。外宾接待礼仪是指在对外交往、接待工作中所必须遵守的行为规范。茶艺师在接待外宾时，要谨记自己是一位代表国家形象的接待者，言谈举止、仪表形象都要合乎国际礼节，既坚持原则、严守纪律、平等相待，又热情友好、文明礼貌、不卑不亢，时时处处维护国格、人格和民族尊严。

一、茶事外宾接待原则

（一）平等友好的原则

无论外宾来自哪个国家和地区，不分大小和贫富，茶艺师一律要平等对待，切实做到一视同仁，并且尊重他们的风俗习惯，不把自己的观念和思想强加于人。在接待工作中，举止要文明礼貌、不卑不亢、热情友好。

（二）内外有别的原则

茶艺师接待外宾时，必须注意内外有别的原则，严格执行有关保密规定，不得在对外交往中泄露国家机密。

（三）不谋私利的原则

在接待外宾的过程中，茶艺师不允许背着组织与外宾私自交往、收受礼品，不允许利用职权营私谋利。要坚决维护国家利益和主权，维护国家的尊严，严格按国家的法令法规办事，不做任何有损国格人格的事。

（四）文明礼貌的原则

仪表整洁，仪容端庄，仪态大方，精神饱满，精力集中，注意自己的立、行姿态。热情主动接待外宾，微笑问候，敬语当先，耐心倾听客人的问询，回答要简练明确。

二、茶事外宾接待的礼仪要求

（一）注重形象

涉外活动中要注重自身形象，仪表优美、庄重，大方得体，注意修饰仪表，仪容整洁，态度诚恳，待人亲切，打扮得体，彬彬有礼。佩戴首饰时应遵守适度原则，服饰上则注意颜色、风格、质地，须得体庄重、符合身份，注意形象和风度。接待人员如遇到身体不适，尤其当患有易传染的疾病，如感冒、咳嗽、打喷嚏和发烧等，不可带病进场，以免引起外宾反感。

（二）守时守约

国际社会十分重视交往对象的信誉，讲究"言必信，行必果"，严守约定。在国际交往中，信用就是形象，信用就是生命，一定要努力恪守约定，严格守时，不爽约。对待许诺要慎之又慎，允诺别人的事必须按时做好，切勿信口开河，草率承诺。失信或失约都有损于自己的人格。

（三）尊重女士

"女士优先"是国际礼仪中的重要原则。女士优先，男士和接待人员要处处照顾女士、帮助女士。让女士先上车，行走让女士走右侧或内侧，入室让女士先行，上楼时请女士走在前，下楼时请女士走在后。

（四）举止端庄

茶艺服务人员的举止是否优雅、规范，不仅反映了其本人的修养和文化素质，也反映了一个茶馆的管理水平，更体现了我们国民的整体素质。茶艺师应做到举止大方，行为得体，面带微笑，情绪饱满，亲和友善，干练敏捷，给外宾以敬业、庄重的良好印象。

三、茶事外宾接待的礼仪流程

茶馆服务人员在国际交往活动前应了解、熟悉国际礼仪基本知识，并掌握丰富的业务知识，做到规范化服务，为圆满完成每一项接待任务奠定坚实的基础。

（一）详细了解来宾的基本情况

为了做好接待工作，接待人员应事先了解接待对象的有关情况：来宾抵达、离开的具体时间与地点，其乘坐的交通工具和行进路线，来宾的姓名、身份、性别、年龄、生活习惯、饮食爱好与禁忌等。

（二）拟定周密的接待计划

为圆满完成接待任务，接待人员应拟定周密的接待计划，如接待规格和主要活动安排的日程。接待规格的高低按照国际惯例和本国的具体情况，通常是根据来访者的身份、愿望、两国关系等来决定的，并由此来安排礼仪活动多少、规模大小、隆重程度以及由哪些人出席等。接待计划要完整周密，目的与要求、时间与地点、内容与分工要罗列清晰，责任要明确。接待计划在经外事主管部门的认可后方可实施。

（三）充分做好具体接待准备

对参加接待服务的人员要进行必要的培训。如介绍来宾所在国简况、生活习俗与禁忌，强化业务知识，强调服务规范与技巧，注重安全保密等。根据已确定的礼宾规格，备齐接待物品。茶会上使用的茶食、饮料等要严把质量关，确保卫生和安全。

场所布置应庄重大方，可适当点缀鲜花，设立欢迎指示牌。

（四）做好接待中的服务工作

接待中的服务工作是外宾接待过程中的中心环节，是直接面对面的服务接待过程。在这个过程中，要按照接待方案的要求组织实施，认真负责，一丝不苟，完成每个接待服务事项。同时，要根据情况随机应变，适时修正原方案，完成好接待任务。

（五）做好经验总结

接待任务完成后，要及时、认真进行总结，对活动流程进行改进和完善，促进接待水平的不断提高。

🍵 任务考核·理论考核

1. （单选题）行伸掌礼时应将手斜伸在所敬奉的物品旁，（　　）自然并拢，虎口稍分开，手掌略向内凹，手心要有含着小气团的感觉。

A.五指　　　　　　　B.四指　　　　　　　C.三指　　　　　　　D.双手

2. （单选题）行鞠躬礼时，双手平放大腿两侧，徐徐下滑，上半身平直弯腰，弯腰时（　　），到位后略作停顿，再慢慢直起上身。

A.吸气　　　　　　　B.呼气　　　　　　　C.憋气　　　　　　　D.吹气

3. （单选题）茶艺师坐姿要求端坐椅面的（　　）部位，上身挺直，女性要求双腿保持并拢，男性双腿自然分开，与肩同宽。

A.前2/3　　　　　　B.后2/3　　　　　　C.前1/3　　　　　　D.后1/3

4. （单选题）以下奉茶礼的操作规范中，（　　）是正确的。

A.单手奉茶　　　　　　　　　　B.双手奉茶

C.应将杯柄放置在客人的左手边　　　D.先为晚辈奉茶

5. （单选题）下列（　　）不属于鞠躬礼。

A.真礼　　　　　　　B.行礼　　　　　　　C.草礼　　　　　　　D.本礼

6. （多选题）关于茶艺师的仪容礼仪正确的有（　　）。

A.茶艺师可以化淡妆

B.茶艺师的发型可以根据个人脸型和气质随意搭配

C.茶艺师为了展示手指的美可以做美甲

D.茶艺师不宜用浓香水

7. （多选题）针对不同的服务对象，叩指礼的行礼标准有（　　）。

A.晚辈向长辈行礼，五指并拢成拳，拳心向下敲击桌面三下

B.平辈之间行礼，食指、中指并拢敲击桌面三下

C.长辈向晚辈行礼，食指或中指敲击桌面三下

D.都可以用食指敲击桌面一下

8.（多选题）回旋礼的操作规范要求中，单手回旋时（　　）。

A.单手回旋，右手按逆时针方向　　　　B.单手回旋，右手按顺时针方向

C.单手回旋，左手按逆时针方向　　　　D.单手回旋，左手按顺时针方向

9.（多选题）茶事外宾接待原则主要有（　　）。

A.平等友好的原则　　　　　　　　　　B.内外有别的原则

C.不谋私利的原则　　　　　　　　　　D.文明礼貌的原则

10.（多选题）茶事服务中，尤其是茶艺表演和生活行茶操作中，动作要求轻灵、连绵、圆合，其中轻灵，是指行茶中要做到（　　）。

A.说话轻　　　　　　B.操作轻　　　　　　C.走路轻　　　　　　D.煮水轻

11.（判断题）茶服的衣袖不宜过长、过宽松，以五分袖或七分袖为宜，以免影响行茶。（　　）

12.（判断题）茶事礼宾次序以左为尊，以右为次。并行时讲究内侧高于外侧，左侧高于右侧；单行时讲究后方高于前方。（　　）

13.（判断题）茶艺师在择茶、选器、煮水、洁具、摆器、温具、置茶、泡茶等系列操作时，应将平和、喜悦、淡然的心态融入其中，冲泡出一壶有温度的茶。（　　）

14.（判断题）放置茶壶时，可以将壶嘴对着客人，以示尊重。（　　）

15.（判断题）如果桌面较高，茶艺师在行蹲姿礼时，可换单腿半蹲式，即左脚前跨，膝盖微屈，右膝顶在左腿小腿肚处。（　　）

【答案】

1.A　　2.B　　3.C　　4.B　　5.D

6.ABCD　　7.ABC　　8.AD　　9.ABCD　　10.ABC

11.√　　12.×　　13.√　　14.×　　15.√

🫖任务考核·实操考核

表 13–5 茶事礼仪实训要求

实训场景	茶事礼仪实训。
实训准备	●老师提前给学生发布茶事礼仪实训任务，要求学生提前到茶艺室练习。 ●老师印制评分表，分发给全班同学。
角色扮演	●两人一组，其中一人扮演茶事服务者，另一人扮演顾客。 ●完成一轮考核后，互换角色，再次进行。
实训规则与要求	每人完成一套行茶礼仪操作，拍摄成视频，互相评分。
模拟实训评分	见表 13–6。

表 13–6 茶事礼仪实训评分表

序号	项目	评分标准	分值	得分
		职业素养项目（30分）		
1	仪容仪表	服饰整洁得体，不佩戴过于醒目的饰物，符合岗位形象（5分），发型美观大方（5分）。	10	
2		形象自然优雅，服务中用语得当（5分），表情自然，具有亲和力（5分）。	10	
3		动作流畅，手势规范(5分)，站立姿势端正大方,步履轻盈(5分)。	10	
		操作项目（70分）		
4	茶事礼仪模拟实训	站式鞠躬礼——真礼：以站姿预备，将相搭的两手渐渐分开，贴着两大腿慢慢下滑，手指尖触至膝盖上沿为止，同时上半身由腰部开始倾斜，头、背与腿呈近90°弓形（行礼120°；草礼150°）；双手呈"八"字轻扶于双腿上，略做停顿；然后慢慢起身，目视脚尖，面带微笑，同时手沿腿上提，恢复原来站姿；俯下和起身速度一致，动作轻松，自然柔软。	15	
5		伸掌礼：左手或右手从胸前自然向左或右前伸，将手斜伸在所敬奉的物品旁边，五指自然并拢，手掌略向内凹，欠身点头微笑，一气呵成。	5	
6		叩指礼：当长辈或上司给晚辈或下属倒茶时，晚辈或下属需五指并拢，拳心向下，叩桌3下；平辈或同事之间倒茶，对方需中指食指并拢，叩桌3下；当晚辈或下属给长辈或上司倒茶时，长辈或上司可用食指叩桌1~3下。	10	
7		凤凰三点头：左手摁壶盖，右手提壶靠近茶杯口注水，再提腕使水壶提升，此时水流如"酿泉泻出于两峰之间"，接着再压腕将水壶靠近茶杯口继续注水，如此高冲低斟3次，恰好注入所需水量，即提腕断流收水。	10	

（续表）

序号	项目	评分标准	分值	得分
8		双手回旋：在进行回旋注水、斟茶、温杯、烫壶等动作时，如果用到单手回旋，则右手按逆时针方向，左手按顺时针方向；双手回旋时，按主手方向动作进行。	10	
9		放置茶壶时，壶嘴不能正对他人；茶叶罐、公道杯、品茗杯等，如果有图案，图案应对着客人。	5	
10		斟茶礼：只斟七分满，先分好客人的茶汤，最后再为自己添茶。	5	
11		奉茶礼：双手端茶从客人的左后侧奉上；奉茶超过两杯时，应使用托盘；上茶时，要将茶盘放在临近客人的茶几上，然后右手拿着茶杯的中部，左手托着杯底，双手将茶递给客人，并将杯柄稍往45°方向转向客人，行伸掌礼，同时说"您请用茶！"	10	
总分（满分为100分）				
教师评价				

任务 **14**
茶事服务

🫖思维导图

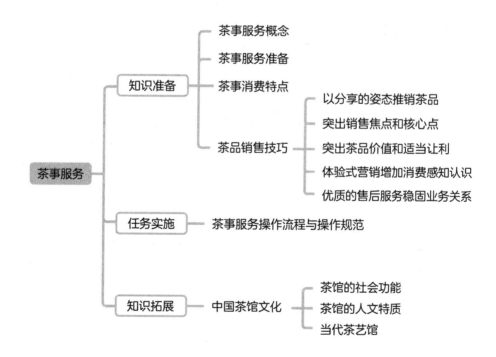

```
                              ┌─ 茶事服务概念
                              │
                              ├─ 茶事服务准备
                    ┌─ 知识准备 ─┤
                    │         ├─ 茶事消费特点
                    │         │              ┌─ 以分享的姿态推销茶品
                    │         │              │
                    │         │              ├─ 突出销售焦点和核心点
                    │         └─ 茶品销售技巧 ─┤
                    │                        ├─ 突出茶品价值和适当让利
  茶事服务 ─┤                        │
                    │                        ├─ 体验式营销增加消费感知认识
                    │                        │
                    │                        └─ 优质的售后服务稳固业务关系
                    │
                    ├─ 任务实施 ─── 茶事服务操作流程与操作规范
                    │
                    │                        ┌─ 茶馆的社会功能
                    │                        │
                    └─ 知识拓展 ─── 中国茶馆文化 ─┤─ 茶馆的人文特质
                                             │
                                             └─ 当代茶艺馆
```

🫖学习目标

1.知识目标:了解茶事服务的概念、茶事服务准备、茶事消费特点和茶品销售技巧。

2.技能目标:掌握茶事服务项目和操作内容,独立完成各项茶事服务操作。

3.思政目标:热爱中国茶馆文化,遵守茶艺师的职业道德提高茶事服务意识。

知识准备

一、茶事服务概念

随着茶文化的广泛普及,茶事服务不再仅限于茶行业内容,更逐渐发展成为一种公共社交方式和独立的服务领域,不同行业、不同职业对茶事服务有不同的需求。

茶事服务,广义上涵盖茶叶加工、茶叶冲泡、茶艺展演、茶会策划、茶品销售、茶空间规划等内容;狭义上的茶事服务,是指在能提供清洁安全环境的场所,进行服务接待、产品营销、经营管理和茶文化传播等活动,由此组成有形和无形、物质与精神相统一的多元化服务。本任务所指"茶事服务",即专指狭义的茶事服务。既为客人提供有形的物质产品,如销售茶叶、茶饮、茶点、茶具、茶工艺品、茶食品、茶日用品等,又为客人提供无形的精神产品,如茶文化知识传播推广服务、传统文化环境的熏陶、茶艺礼仪的展示、茶饮服务的接待等。

总之,客来敬茶,茶事服务中所有无形的服务都离不开"茶"这个有形的特定产品。

二、茶事服务准备

茶事服务准备是茶艺馆为宾客提供优质服务的前提,一般包括环境准备、器具准备、茶品准备、人员准备四个方面。具体内容见表14-1。(图见第29页"茶事服务准备")

表 14-1 茶事服务准备项目与内容

准备项目	茶事服务准备内容
环境准备	环境布置的基本格调,讲求"幽、净、雅、洁"。 ●点燃熏香,播放背景音乐,调节光影,营造幽雅平静的氛围。 ●整理挂画、插花、陈列品等装饰物,打造雅致简洁的茶文化空间。 ●检查门、窗、桌、椅,应洁净无尘,无手印,无污渍。 ●灯具照明应完好洁净,墙壁无蜘蛛网、无灰尘。 ●插花或绿色植物应鲜亮,无蔫花黄叶,花盆外侧无污泥,底盘无水渍。 ●室内保持空气清新,无烟味异味。
器具准备	茶艺馆的器具一般是指茶杯、茶碗、茶壶、茶盏、茶碟等饮茶用具。 ●清点器具的品种、数量,保证日常配备。 ●检查器具,应表面光洁,内无茶垢,无水渍,无异味,无破损。 ●严格按照卫生标准和流程清洗、消毒茶具,并使用清洁、消毒、保洁的设施设备和规定的消毒剂。 ●根据茶具的不同种类和质地,选择不同的消毒方法,分类清洗,分别消毒,保洁存放。

（续表）

准备项目	茶事服务准备内容
茶品准备	为各类茶叶配备适当的数量、品种，准备相应的茶点、用水以及相关的茶衍生茶品。 ●配备六大茶类：白茶、绿茶、黄茶、青茶、黑茶、红茶（五星级、四星级和三星级茶艺馆，配备的各类茶叶，其品种分别不得少于50种、40种和30种）。 ●准备3种以上泡茶水供客人选用。 ●准备安全卫生的坚果、蜜饯、糕点、时令鲜果、当地特色产品以及茶艺馆自制研发的精美点心等茶点。
人员准备	茶艺师应仪容整洁，着装得体。 ●容貌端庄大方。妆容淡雅自然，不可浓妆艳抹，不可涂有色指甲油，不可涂抹香水。 ●头发梳理整洁。 ●注意个人卫生。将面部修饰干净，不留长指甲并应修剪整齐，保持口气清新，忌吃葱、蒜、洋葱等有异味的食品。 ●服装款式、颜色、风格与品茗环境相协调，一般以中式服装为宜，袖口不宜过宽，洁净美观。

三、茶事消费特点

茶事消费主要指茶叶消费，其特点除了具有一般性消费行为的特点外，还具有自身特有的规律性特点。从消费方式看，茶事消费需求包括直接消费需求和中间消费需求；从消费特点来看，茶事消费具有层次性、文化性、嗜好性、季节性、区域性的特点。

（一）层次性

一般来说，茶事消费分为三个层次：一是生存性消费，指为满足生理需要，保证人的生命存在或延续所进行的消费，如边销茶；二是享受性消费，即把喝茶当一种生活休闲方式；三是发展性消费，即喝茶是为了丰富精神生活，提高自身的素质和修养。

（二）文化性

茶事消费不仅是一种单纯的实物商品的消费，而且是人们思想文化的载体之一，成为人们相互之间表达情感的媒介，饮茶在一定程度上体现了人们的文化观念。饮茶可达到陶冶情操、以茶养性、交朋结友和以茶养廉等目的。

（三）嗜好性

受多种因素的影响，饮茶者可能形成对某茶类、某花色、某地域茶的偏好。茶事消费的嗜好性不是先天的，而是后天形成的结果，它亦会随时间和产品替代等市场环境的变化而改变。

（四）季节性

茶事消费带有季节性。一般来说，夏季与春季绿茶的消费量较大，而秋、冬季则以红茶、黑茶等茶类的消费量为多。与生产的季节性相对应,大多数茶叶生产季节的消费量会大于非生产季节,如绿茶多以清明前的明前茶备受青睐。当然,随着茶叶贮藏、保鲜技术的进步,茶事消费的季节性特征可能会日趋淡化。

(五)区域性

从空间分布看,茶事消费具有一定的区域性。"一方水土养一方人",不同地区的茶事消费呈现出不同的地域特色,如北方人喜欢红茶,南方人喜欢乌龙茶;北方人喜欢盖碗茶,南方人喜欢喝工夫茶等。

四、茶品销售技巧

茶事服务中售卖的茶品,通常选择各大茶类的优良等级产品,且与茶饮服务中所用的茶品具有相关性。一般茶艺馆都有自己的定制款和名优款。茶艺馆销售的茶品具有品类多、质量优的特点,茶艺师要更好地实现茶品销售,那么在如何介绍茶品品质,凸显各自特色,激发顾客购买意向的推销技巧的运用上,就显得尤为重要。

(一)以分享的姿态推销茶品

茶艺师要将注意力从专注于分享所推荐茶品的品饮心得,适时地转向顾客的关注点,诸如"任何时候喝这款茶是否口感都好""冲泡是否便利""包装是否耐看""大小是否适合送礼"等。茶艺师越懂得生活,越懂得分享,就越知道顾客关注的问题所在。要保持客观,提升说服力,这样就能在达成共识的基础上完成销售。

(二)突出销售焦点和核心点

每款茶都有多个卖点,如西湖龙井的品牌文化、种植环境、品质特征、冲泡方法、包装规格、购买配送等众多卖点,茶艺师可集中讲述关键点上的价值。

(三)突出茶品价值和适当让利

顾客议价是希望物有所值,就需要强调茶品对顾客的生活、保健等多层面上所具有的价值,如红茶的暖胃功能、白茶的清火功能等,以及作为礼物赠送的珍贵性、与人共享茶品的幸福感等。同时可适当让利以促成销售,优惠措施可以是赠送茶具、茶券、茶点、小包装的茶叶等,或者相关的体验课程。

(四)体验式营销增加消费感知认识

通过让顾客观看、品尝,强化感官印象,加深对多款茶品的兴趣和认知程度。经过展示、演示、体验等多个环节来进行比较、选择,从而赢得客户。

(五)优质的售后服务稳固业务关系

定时、不定时的回访和情感关怀的售后服务,对形成长期、稳定的业务关系能起到至关重要的作用。售后服务主要包括信息告知、售后回访、售后承诺三个方面:对影响茶叶品质的因素、茶叶保管要求、沏泡方法等,务必详尽告知顾客;通过回访,了解顾客对茶品的使用情况、满意程度,解答相关问题,听取反馈和建议,促进重复销售或交叉销售;茶艺馆应及时兑现服务承诺,对于破损茶品应按照约定进行赔偿,自觉维护顾客利益,增强客户的信任度。

🫖 任务引入

同学A和B同时进入某茶艺馆进行专业实习,经过2周培训后,两人开始成为内场茶艺师,对客服务内容包括推荐点单、茶品冲泡、席间服务等。月底领取实习工资的时候,A发现B的实习工资比自己足足多了1/3,她很不服气地找主管理论。

同学A:王主管,我和B同时进入茶艺馆,明明工作时长一样,大家都是负责同样多的茶席,凭什么她的工资就比我高那么多?

王主管:哈哈,培训的时候我们已经说过,实习工资是由基础底薪和服务销售提成两部分构成的,你不妨抽空观察一下B的工作情况和你有什么不同,就知道你们两人的工资存在差异的原因了。

同学A依言认真观察,发现同学B待客热情,为客人推荐茶品时耐心细致,服务及时迅速。A还发现不少顾客一进来就直奔B负责的茶席或者向迎宾员点名要B服务,且不少客人结账时会购买茶点、茶叶打包带走。而反观自己,服务是完成任务式的,且和客人几乎没有互动,客人结账后更不会购买茶品。A口服心服,自此沉下心来向B认真学习,努力提升自己的服务水平。

🫖 任务分析

本案例中,同学B之所以能够获得顾客和企业的认可,在于其能熟练掌握茶事服务的流程和规范,能够运用自己的茶学知识和销售技能,结合客人的个性需求为其推荐合适的茶饮产品,向客人提供热情、周到、规范化、细致化服务,既让客人乘兴而来满意而归,又让茶馆获得良好信誉和销售业绩。

随着茶文化的广泛普及,茶事服务不再仅限于茶行业内部,更慢慢发展成一种公共社交方式和一个独立的服务领域。作为茶事服务主要场所的茶馆或茶艺馆,同样也衍生出形式多样、风格各异、个性鲜明的茶服务类型,如商务型、休闲型、茶艺研习型、主题特色型等。但无论哪一种类型的茶事服务,都要从客人角度出发,想客人之所想,做客人之所需,让客人有一种"家"的感觉。

由于茶艺馆行业的休闲特性、服务人群的广泛特性以及服务产品兼具物质与精神属性,从事茶事服务的茶艺师需要学习的知识广,需要践行的事务杂,需要服务的意识强,需要完成的职责细,需要思考的问题多。

任务实施

　　茶事服务中，岗位与岗位之间有密切的关系。茶艺馆经营服务环环相扣，事事相连，人、事、物、空间由各种茶事相连。茶艺师要明确茶艺馆的定位，清晰本职岗位职责及服务内容，茶事服务流程包括迎客、引领、拉椅让座、递单点茶、泡茶奉茶、奉上茶点、巡视台面、结账买单、热情送客、收拾桌面等，具体操作要点及注意事项见表14-2。（图见第29页"茶事服务"）

表 14-2　茶事服务操作流程与操作规范

操作流程	操作规范
热情迎宾	●着装端庄，精神饱满，面带微笑，以标准礼仪站姿站在茶艺馆入口处，微笑拉门迎宾，使用礼貌用语"您好，欢迎光临！"，身体前屈30°鞠躬。 ●询问客人人数及预订等情况，把客人交给前来迎接的领座员；若没人领座，应指引客人至正确位置。 ●应婉言谢绝衣冠不整者入内。 ●保持仪态。迎客服务的间隙，不在大厅前台攀谈闲聊、嬉笑打闹，始终保持良好的仪态。
规范引领	●领座员应走在客人左前方1米左右的距离，步伐要不疾不徐，态度要从容自然，然后五个手指并拢，用曲臂式动作加语言，引领客人至合适的座位。在这之前，首先要问清楚客人"请问您一共是几位？""是喜欢坐大厅还是包厢？"如遇天气炎热或寒冷，应主动询问客人"是喜欢凉快还是暖和一些的座位？" ●领座员在安排客人座位时应见机行事。
拉椅让座	●把客人带到茶桌边时，应拉椅让座。注意女士优先。方式为站在椅背后面，双手握住椅背的两侧，后退半步，同时将椅子拉后半步，用右手做请坐手势，示意客人入座。在客人即将坐下时，伸手扶住椅背两侧，将椅子往前送，用右腿顶住椅背，手脚配合使客人舒适地落座，动作要迅速敏捷，力度适中。 ●客人坐好后，应礼貌地说"请稍等。""请稍候。"后，再离开。离开客人座位时，不能掉头就走，应后退一步再转身离开。
递单点茶（点单）	●客人落座后，点单员应立即送上迎客茶和点茶单，小毛巾或湿巾纸也可以一起送上，并告诉客人"您好！这是我们免费提供的迎客茶。"或说"您好！请先喝杯迎客茶暖暖身子解解寒。""这是我们的茶单，请点茶。" ●点单时，应站在客人右后方，侧身对客，并弯腰，与客人保持45厘米的距离为宜，轻声询问。 ●若客人等人，暂不点单，可以告诉客人需要时按服务铃，要记得给客人添加迎客茶。 ●主动引导或及时为客人点茶。询问"请问您喜欢喝什么茶？绿茶、红茶，还是乌龙茶？""喜欢喝浓一些还是淡一些的茶？"建议选择中间价位的茶作推荐。 ●所有客人点完茶以后，应复述一遍客人所点的茶及茶点，包括数量、口味及特殊要求，征得客人同意后下单备茶或茶点。

（续表）

操作流程	操作规范
泡茶奉茶	●当客人点单后，服务员就要根据客人所点的茶进行备具冲泡。 ●茶艺馆一般有两种泡茶方式。一是现场冲泡，要求服务员具备一定的冲泡技艺；二是在吧台或操作台把茶沏好后送给客人。 ●如果是沏茶服务，奉茶时，应把客人点的茶泡好后放入茶盘中，然后左手托盘，端平拿稳，右手在前护盘，脚步轻稳，走到客人座位的右边（注意茶盘的位置应在顾客的身后），右脚上前一步，右手持杯子中部（如果是盖碗杯，端杯托），并注意盘子的平衡，将茶杯轻放在顾客的正前方，说"这是您点的某某茶，请用茶。"并配合使用伸掌奉茶礼。 ●如果是现场冲泡，奉茶时应用双手，右手握杯身或杯把，左手托杯底，将茶杯把指向客人的右手边，轻轻放下。应注意奉茶的先后顺序，先长后幼，先女后男，先客后主，先尊后卑。 ●若客人点的不是同一种茶，则注意按所需的水温高低进行冲泡，先沏好的茶先奉。
奉上茶点	●服务员给客人上茶点时应摆放整齐、美观，每上一道茶点要及时调整桌面，切忌叠盘。 ●如客人吃有果壳食物，应及时递上果壳篮，桌面有水迹或者杂物要及时拭干或清理，保持桌面清洁。 ●配置茶点时，一般要干果、水果搭配，甜点、咸点搭配，色泽也要搭配。 ●不同的消费者有不同的选配要求。一般来说，男士不喜甜食，可以多配一些干果，如瓜子、花生米、开心果、松子等；女士喜欢酸、甜味的食品，可以多配些话梅、蜜饯、水果等；小孩可以配些果冻、饼干等茶点；年龄大一些的茶客可以选配些绿豆糕、糍团、核桃糕等口感偏软的茶点。 ●给客人配送水果时，尽量避免使用桃子、李子等水果，因为此类水果和茶水共用可能令客人引发某些不适。
巡视台面	●巡台的目的是检查客人需要哪些即时服务。 ●一般要求区域服务员每隔15分钟巡一次台。 ●客人杯内的茶水量仅剩1/3杯时，就应及时添水，客人有特殊要求时除外，有些客人喜欢等茶水全部喝完再续水。 ●若客人桌上有空的茶点盘，应及时撤走并礼貌地询问客人是否需要添加茶点。 ●水盂内的垃圾过半时，应及时撤换。撤换时应先换上干净的水盂，再撤走脏的水盂。 ●巡台时，还应特别注意烧水壶内是否需要续水，若续水不及时，可能会导致水壶烧干，酿成事故。
结账买单 （埋单）	●客人买单时，服务员应先询问客人是否有折扣卡或优惠券，然后和客人说"请稍等。"去吧台让收银员把算好的消费清单放在收银夹内送到客人面前，唱收唱付，以免差错，"您好！您的消费金额是……元。" ●询问客人用何种方式付款，是否需要开发票，如需开发票，请客人把发票抬头等写在纸上。 ●当客人支付现金时，应礼貌地说："谢谢，收您……元，请稍候。"记得一定要在客人面前确认金额，还应仔细检查所收钱币，若有疑问，及时礼貌地请客人替换，可以说："对不起，请问能换一张吗？"

（续表）

操作流程	操作规范
	●若客人刷卡消费，则应礼貌地请客人输密码和签字确认，客人输密码时应转头注视别处。 ●若遇客人在买单时给小费，可以按照店里规定或婉言谢绝，或礼貌地收下并道声"谢谢！"
热情送客	●客人买完单后，应随时注意客人的动向。 ●若客人起身，则应及时送客，送客时应提醒客人别忘了随身携带的物品，微笑道别并上身前屈45°鞠躬，说"请带好您的随身物品。谢谢光临，请慢走。" ●迎送宾客应主动为客人拉开门，帮提重物。
收拾桌面	●等客人离开后再收拾桌面杯具。 ●若有未拆封的小包装食品，可回收，其余的须全部清理干净。 ●擦净台面，椅凳按原位摆放整齐，地面清扫干净。 ●水盂、台卡按规定摆放整齐。 ●若发现客人有遗留物品，应及时告知客人；若客人已走远，则应将遗留物品统一交吧台或经理处，不得私自藏匿。

🍵知识拓展

中国茶馆文化

　　茶馆，营造文化空间，构筑文化心境，形成中华民族独特的文化传统。中国茶馆的出现和普及，历经千年嬗变，虽有跌宕起伏，却是多姿多彩。东晋老姥，一早上街卖茶粥；唐人封演，记下了"城市多开店铺，煎茶卖之"；宋代茶肆，陈设雅致，奇茶异汤，馨香满座；明清两代，茶馆推及市井，世相百态，尽在其中。从传统的茶肆、茶坊、茶楼，到近20年兴起的茶艺馆，都是不同历史时期茶叶创造的需求，是茶产业与茶文化演进的证明。

一、茶馆的社会功能

　　小茶馆，大世界。泡茶馆是中国人的一种传统生活方式。作为社会各阶层人士都能各适其所，且人与人之间发生较密切关系的公共场所，茶馆是信息灵通、文化气息浓郁、民情民俗汇聚的地方，可以为各方人士所利用，并为其服务：爱国者利用茶馆作为宣传阵地；文化人在这里作"茗叙""雅集"；有闲人拎着鸟笼，在此地品茗谈鸟经；各行各业的经营者在这里拓展生意，洽谈贸易；戏剧曲艺爱好者可以在此听书赏曲，风景园林地的茶馆更是品茗赏景的好地方。茶馆可直射或折射出社会各个层面和不同时代的"阴晴圆缺"。随着社会发展，茶馆的功能趋于多样化、复杂化，是茶馆兴旺和成熟的主要标志。

二、茶馆的人文特质

茶馆的魅力，不仅在于以有形的茶、茶具、茶座满足茶客饮茶的物质需求，更在于以其无形的市井文化氛围，满足茶客在精神、文化层面的需求。

（一）人本精神

中国茶馆处处体现了对人的尊重与关切。所谓"垒起七星灶，摆开八仙桌，来的都是客"，进茶馆，让人有随意、居家的感觉。不少人会朋访友、家庭聚会常选择在茶馆，就是因为在茶馆有许多方面比在家里更称心舒适。在成都街巷的那些茶馆里，总是有许多婆婆们结队而来吃茶，她们有来织毛线活的，有抱孙儿来耍的，也有一身轻松专门来闲聊的，不少人还随身提个兜儿，里面装有哄孙儿吃的和自己消遣的瓜子、核桃等。冲好茶水，便家长里短、针头线脑地摆龙门阵。茶馆的这种温馨惬意的氛围，显示出"人本"的亲和力量。

（二）审美情趣

无论是传统的老式茶馆还是时尚的茶艺馆，都各具文化欣赏价值。时尚茶艺馆，从择茶选水、茶具茶食，到座位陈设、环境装潢，以及音乐、服饰等，都会根据"美的规律"去设计、安排，以激起茶客在品茶过程中的审美快感。老式茶馆，尤其是水乡小镇的茶馆，是一幅水乡风情图中的徽记，可以说没有其他东西可代替。对于从小镇走出去的人们，茶馆成了他们的思乡符号。尽管茶馆门面不大，门板桌椅陈旧，茶具也很简陋，但依然会让游子魂牵梦绕，每次回故乡都要去看一看、坐一坐。

（三）社会价值

茶馆，具有商品市场和精神文化双重属性，是大众休闲的文化产业。茶馆经营者历来重视兼顾社会效益和经济效益。营业性的茶馆，当然有趋利的动机，但茶馆经营者不应是"拜金主义"者。茶馆所趋之"利"，是茶客与茶馆之间的互利而非自利，是在文化认同基础上实现各自的利益。总之，追求社会价值和经济利益的均衡，是茶馆人文特质的基础。

三、当代茶艺馆

"忽如一夜春风来，千树万树梨花开。"20世纪90年代后半期，全国众多大中城市的茶艺馆迅速涌现。茶艺馆带着深厚的文化底蕴和历史积淀，顺应了现代人期盼悠闲的趋势，本着求新求变、提升品位的原则，赢得了人们的喜爱。进入21世纪，全国茶艺馆的数量激增，茶艺馆的硬件与软件都更上档次，茶艺馆从业人员逐步得到专业培训。喝茶品茶越来越讲究，茶越来越深入人们的日常生活，进茶艺馆的人群也变得年轻了。

随着茶艺馆经营者的年轻化和时尚化，茶馆功能不断延伸拓展，主要体现在两方面。第一，全面延伸茶叶产业链，既有茶叶产业链上游的生产加工，又有中端的贸易和终端的消费。有以办茶艺馆舍为起点，打造成一个闭环的产业链的，也有以原来种茶初制为起点，打造成集种茶、制茶、卖茶、喝茶、茶宴、民宿等为一体的茶庄园的。第二，融合更多文化元素，依靠创意创新，实现茶艺馆文化升值。如有经营香艺、花艺、布艺、服饰等，有进行茶艺、评茶职业技能培训等。

　　当下的茶艺馆舍，随着经营服务功能的延伸，文化活动统合的拓展，已经不再是单一提供茶水冲泡服务，也不仅局限于茶与餐饮的复合经营，而渐渐成为一种多元跨界的文化生活平台。

🫖 任务考核·理论考核

1.（单选题）茶事服务中巡台的目的是检查客人需要哪些即时服务，一般要求区域服务员每隔（　　）巡一次台。

A.5分钟　　　　　　B.8分钟　　　　　　C.10分钟　　　　　　D.15分钟

2.（单选题）领座员应走在客人左前方（　　）的距离，步伐要不疾不徐，态度要从容自然，五个手指并拢，用曲臂式动作加语言，引领客人至合适的座位。

A.0.5米左右　　　　B.1米左右　　　　　C.1.5米左右　　　　D.2米左右

3.（单选题）现场冲泡，奉茶的时候应用双手，右手握杯身或杯把，左手托杯底，将茶杯把指向客人的（　　），轻轻放下。

A.正前方　　　　　　B.左手边　　　　　　C.右手边　　　　　　D.任意一边

4.（单选题）定时、不定时的回访和情感关怀的（　　），对形成长期合作稳定的业务关系起到至关重要的作用。

A.售后服务　　　　　B.销售服务　　　　　C.茶艺服务　　　　　D.茶事服务

5.（单选题）茶事服务的茶品准备中，茶艺馆一般要配备（　　）以上泡茶水供客人选用。

A.1种　　　　　　　B.2种　　　　　　　C.3种　　　　　　　D.4种

6.（多选题）狭义的茶事服务场所主要是茶艺馆，提供清洁安全的环境，进行（　　）等服务。

A.服务接待　　　　　B.产品营销　　　　　C.经营管理　　　　　D.茶文化传播

7.（多选题）茶事服务准备是茶艺馆为宾客提供优质服务的前提，一般包括（　　）。

A.环境准备　　　　　B.器具准备　　　　　C.茶品准备　　　　　D.人员准备

8.（多选题）茶事消费主要指茶叶消费，从消费特点来看，茶事消费具有（　　）和区域性的特点。

A.层次性　　　　　　B.文化性　　　　　　C.嗜好性　　　　　　D.季节性

9.（多选题）茶事服务的器具准备工作，需要检查器具表面是否光洁、无破损，器具内要（   ）。

　　A.无茶垢　　　　B.无水渍　　　　C.无异味　　　　D.无色泽

10.（多选题）所有客人点完茶以后，应复述一遍客人所点的茶及茶点，包括（   ），征得客人同意后下单备茶或茶点。

　　A.数量　　　　　B.口味　　　　　C.特殊要求　　　　D.出产日期

11.（判断题）茶事环境布置的基本格调讲求"幽、净、雅、洁"，点燃熏香，播放背景音乐，调节光影，是为了营造幽雅平静的氛围。（   ）

12.（判断题）茶艺馆不需要配备各类品种的茶叶，准备相应几种茶品、茶点、用水以及相关的茶衍生茶品就可以了。（   ）

13.（判断题）饮茶者受多种因素的影响形成了对某茶类、某花色、某地域茶的偏好。茶事消费的嗜好性不是先天的，而是后天形成的结果。（   ）

14.（判断题）茶馆具有商品市场和精神文化双重属性，是大众休闲文化产业，历来茶馆经营者都能以社会效益为主。（   ）

15.（判断题）售后服务包括如实告知消费者关于茶叶品质的因素，如茶叶保管要求，让消费者对茶品有更好的体验。（   ）

【答案】

1.D　　2.B　　3.C　　4.A　　5.C

6.ABCD　　7.ABCD　　8.ABCD　　9.ABC　　10.ABC

11.√　　12.×　　13.√　　14.×　　15.√

🫖 任务考核·实操考核

表 14-3　茶事服务操作实训要求

实训场景	茶事服务实训。
实训准备	●老师提前给学生发布茶事服务实训任务，要求学生提前到茶艺室练习。 ●老师印制评分表，分发给全班同学。
角色扮演	●两人一组，其中一人扮演茶事服务者，另一人扮演顾客。 ●完成一轮考核后，互换角色，再次进行。
实训规则与要求	每人完成一套茶事服务操作，拍摄成视频，互相评分。
模拟实训评分	见表 14-4。

表 14-4　茶事服务操作实训评分表

序号	项目	评分标准	分值	得分
职业素养项目（30分）				
1	仪容仪表	服饰整洁得体，不佩戴过于醒目的饰物，符合岗位形象（5分）；发型美观大方（5分）。	10	
2		形象自然优雅，服务中用语得当（5分）；表情自然，具有亲和力（5分）。	10	
3		动作流畅，手势规范（5分）；站立姿势端正大方，步履轻盈（5分）。	10	
操作项目（70分）				
4	服务操作模拟	热情迎宾：着装端庄，精神饱满，面带微笑，标准礼仪站姿，礼貌用语，保持良好仪态。	10	
5		规范引领：在客人左前方1米左右的距离，态度从容自然，引领客人至合适的座位，并能合理安排客人座位，语言合理有温度。	10	
6		拉椅让座：站在椅背后面，双手握住椅背的两侧，后退半步，同时将椅子拉后半步，用右手做请坐手势，示意客人入座。	5	
7		递单点茶：送上迎客茶和点茶单，应站在客人右后方，侧身对客，并弯腰，与客人保持45厘米的距离为宜，轻声询问和适时推荐。所有客人点完茶以后，应复述一遍客人所点的茶及茶点，包括数量、口味及特殊要求。	10	
8		泡茶奉茶：如果是沏茶服务，奉茶时应先把客人点的茶泡好，走到顾客座位的右边，将茶杯轻放在顾客的正前方，配合使用礼貌用语与伸掌奉茶礼；如果是现场冲泡，奉茶时应用双手，右手握杯身或杯把，左手托杯底，让茶杯把指向客人的右手边。	10	

（续表）

序号	项目	评分标准	分值	得分
9		奉上茶点：配置茶点时，一般要干果、水果搭配，甜点、咸点搭配，色泽也要搭配。	5	
10		巡视台面：服务员每隔15分钟巡一次台，客人杯内的茶水量剩1/3杯时，应及时添水；水盂内的垃圾过半时，应及时撤换。	5	
11		结账买单：唱收唱付，以免差错，礼貌用语。	5	
12		热情送客：微笑道别，上身前屈45° 鞠躬。	5	
13		收拾桌面：收拾桌面杯具，擦净台面。	5	
总分（满分为100分）				
教师评价				

任务 15
茶旅融合

思维导图

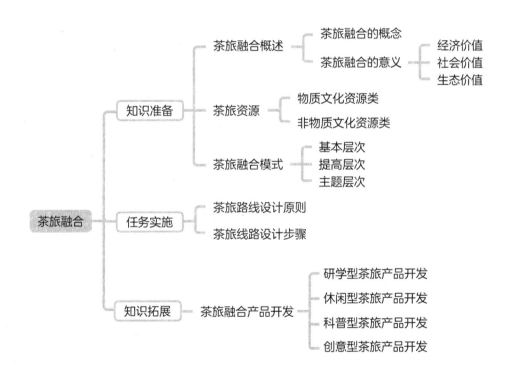

学习目标

1.知识目标：了解茶旅融合的概念、意义、模式，以及茶旅资源类型等。

2.技能目标：掌握茶旅融合的三个层次，掌握茶旅线路设计的基本步骤和主要内容，独立或小组参与完成茶旅线路设计方案。

3.思政目标：理解茶旅融合发展的时代性，树立"绿水青山就是金山银山"的理念。

🫖知识准备

一、茶旅融合概述

（一）茶旅融合的概念

2021年9月，农业农村部、市场监管总局、供销总社联合出台《关于促进茶产业健康发展的指导意见（农产发〔2021〕3号）》，提出要"推动茶产业与文化、旅游、教育、康养等幸福产业之间相互渗透融合，培育新产业、新业态、新模式"。2021年，中国茶叶流通协会在部委指导下发布了《中国茶产业发展"十四五"规划建议》，以"统筹茶文化、茶产业、茶科技"为指导，提出"国茶振兴五年计划"，不断拓展茶产业的多种功能，延伸产业链，提升价值链。从纵向维度看，中国茶产业从第一产业向第二、三产业蔓延的趋势更加明显，传统茶产业的产业链正在不断更新延伸。从横向维度看，茶叶产业正在尝试与其他行业领域进行跨界融合，积极拓宽现有产业面，茶产业业态由单一迈向多元。

我国拥有悠久而丰富的茶文化旅游资源，目前茶园种植面积和茶产量稳居世界第一。随着茶文化和茶产业的不断发展，"茶旅融合"是茶产业转型升级的需要，是延伸茶产业链功能的需要，是多层次多方面发挥茶文化综合效应的需要。茶旅融合，是旅游业与茶产业跨界合作、联动发展的新形式，是在市场需求、技术推动、产业创新发展需要等多层面因素的共同作用下，将茶叶种植、茶叶生产、茶园景观、茶俗风情等融为一体进行旅游开发，让茶文化旅游资源实现价值最大化的新型旅游方式。

（二）茶旅融合的意义

梁实秋在《喝茶》一文中说："凡是有中国人的地方就有茶。"茶，在中国人的生活中，是兼具实用和美感的存在。从陆羽所著《茶经》到文人雅士所留下的众多茶诗，从古代品茶、斗茶习俗到流传至今的各种茶俗，茶文化深深融入中国人的日常生活。以茶为媒，以旅为用，促进茶旅深度融合，是推动中华优秀传统文化创造性转化、创新性发展的重要路径。

1.经济价值。从产业链的拓展来看，茶产业已实现从第一产业向第二、第三产业的延伸拓展。茶旅融合分别以茶园茶山自然景观为主的观光旅游、以茶俗茶事茶文化为主题的节事旅游、以茶叶生产为主题的工业旅游、以茶学为推动的研学旅游等模式，实现了茶文化助力乡村振兴，创新了茶产业的收入增长点，推动了茶企业的转型升级，茶文化旅游成为茶产区经济高质量发展的新引擎。

2.社会价值。茶旅融合有助于将旅游产业"综合性强、关联度高、产业链长"的特点嵌入茶产业中，推动旅游业与茶产业的第一产业、第二产业和第三产业融合，促进偏远茶产区、茶村落的发展，带来多元就业路径，为乡村增加新型就业岗位，例如茶旅融合乡村合伙人、科普讲解员、茶艺师、文创工作者等。同时，茶旅融合也能促进传统茶文化、特色农业文化、非遗制茶技艺等的传播和推广，提高中国茶文化的影响力。

3.生态价值。茶旅融合有助于将茶文化元素、茶自然景观、茶记忆资源、茶民俗风情的资源优势转化为经济优势,深度打通"绿水青山就是金山银山"的价值转化路径。同时,茶旅融合借助旅游标准化,完善提升茶产区的基础设施和服务设施,促进茶村落的乡风文明建设,关注涉茶非遗文化保护,推动"以茶兴旅、以旅促茶"的茶旅融合可持续发展。

二、茶旅资源

茶叶是我国传统的农副产品,具有农产品的本质物质属性与特征。但相较于其他农副产品,茶叶又具有明显的特殊性,它体现在茶叶鲜明深厚的文化赋存上,即茶叶在满足人们物质生活的基本需求以外,还作为一种文化象征承载了人们的部分精神诉求与思想意识。独特的文化属性使得茶叶所延伸与拓展的价值领域较之其他农产品更为广阔多元。"从茶园到茶杯"是生活需求,"从茶杯到茶园"是旅游需求。旅游产业中的吃、住、行、游、购、娱等旅游要素与茶产业的茶饮、茶餐、茶居、茶艺、茶礼、茶禅、茶疗、茶会、茶俗和采茶、制茶、泡茶、品茶、购茶等都息息相关,有着天然的耦合性,为茶旅融合提供了天然的资源基础。根据茶叶所具备的物质与文化的二重性,可将茶旅资源分为物质文化资源与非物质文化资源两大基本类型,其中每种基本类型又分别包含各类不同的资源存在形式见表15-1。(图见第30页"茶旅资源类型")

表 15-1 茶旅资源基本类型

基本类型		主要形式
物质文化资源	茶自然资源类	●主要指茶山和茶园,其优美的山水风光、清新的空气、生机盎然的树木、泥土的气息等,令人赏心悦目,心旷神怡,是茶旅资源不可或缺的重要组成部分。
	茶事遗址类	●指在历史上进行茶叶生产、加工等茶事活动遗留下来的茶文化综合空间。如四川名山皇茶园,浙江长兴的唐代顾渚紫笋贡茶遗址、福建的北宋北苑贡茶院遗址、世界红茶发源地、西坪铁观音发源地等。
	茶具遗址类	●指历史上茶具生产、加工的场所,如福建建阳宋代建窑遗址、江苏宜兴宋代紫砂茶具古龙窑遗址等。
	其他茶文化遗址类	●如茶马古道、古茶亭、古茶厂等。其中,茶马古道是一条穿行于今滇、川、藏横断山脉地区和金沙江、澜沧江、怒江三江流域,以茶马互市为主要内容,以马帮为主要运输方式的古代商道。
	茶特色建筑类	●指以喝茶休闲为目的的建筑、以展示茶文化为目的的场所,其室内设计、装饰、图案、功能等均体现茶文化主题特色。建筑内部的空间隔断物,或者由隔断物围合出的各个空间,不管是在平面还是

（续表）

基本类型		主要形式
		立面都可以作为展现茶文化的支撑体。如各地的特色茶楼、茶馆、茶文化主题酒店、茶叶博物馆以及茶叶工厂等。
	茶旅游商品类	●主要指旅游者在旅游活动中会购买的、由旅游目的地向旅游者提供的茶叶、茶具以及其他茶产品。我国茶叶品牌繁多，茶叶生产具有很强的地域性，茶产品种类丰富，主要有茶叶、茶具、茶餐饮、茶食品、茶叶日化产品、茶书籍、茶文创产品等。
非物质文化资源	茶民俗风情类	●指在人类长期的社会生活中，逐渐形成的以茶为主题的民间风俗、习惯、礼仪等的总称。如浙江省磐安的"赶茶场"、武夷山的"喊山祭茶"、广西的"开山祭茶"，以及各地独特的茶艺、茶歌、茶谣、茶舞等。
	制茶传统技艺	●指茶园管理、茶叶采摘、茶的传统手工制作技巧等。茶叶制作技艺凝聚了当地茶农的智慧，显现出深厚的文化内涵。如绿茶制作技艺（西湖龙井）、武夷岩茶（大红袍）制作技艺、黑茶制作技艺（茯砖茶）等。
	茶节庆赛事类	●指为了宣传各地茶叶特色、弘扬茶文化而举办的各种茶事活动。如中国茶叶博览会、国际茶文化节、国际茶文化博览会、"三茶统筹"发展高峰论坛，及各种茶文化学术研讨会、茶艺比赛、斗茶大赛等。
	茶文化艺术类	●是指以茶和茶事活动为题材的各种文化艺术作品。其内容丰富，不仅有吟咏茶香、茶趣、茶韵之作，还有涉及种茶、采茶、制茶、煎茶等以及名茶、名泉、茶具、斗茶、分茶等方面的表演。形式多样，数量众多，大致可分为诗歌、楹联、题刻、神话传说、影视、戏曲、书法和绘画等。
	宗教茶文化类	●我国茶文化形成的过程中受到宗教文化特别是佛教和道教的影响和熏陶，积淀了丰富的禅茶文化、道教茶文化等特殊的茶旅资源。不少佛寺道观中都有庄严肃穆的茶礼和茶宴，如以"宋代茶宴"闻名中外的浙江径山茶宴。

三、茶旅融合模式

在茶旅融合渐趋深入、文旅消费转型升级和茶旅产业协同发展的背景下，茶产业链条上的主要环节逐步和旅游产业结合。

从不同角度看，茶旅融合的模式各有不同。从产业融合主动性看，茶旅融合呈现主动融合、互动融合和被动融合三种模式；从产业融合方法和融合内容看，茶旅融合模式包括纵向的渗透融合与横向的重组融合两种模式；从产业链条融合看，茶旅融合模式可分为功能模块嵌入式、上下链条延伸式和混合联动发展式三种融合模式；从茶旅融合的性质看，茶旅融合模式可分为基本层次、提高层次和主题层次三个层次，其中基本层次以茶文化观光旅游模式为主，提高层次以茶文化休闲度假综合旅游模式为主，主题层次包括"茶文化+展览展示""茶文化+乡村旅游""茶文化+研学旅行""茶文化+节事活动""茶文化+商贸旅游"和"茶文化+文创产品"等专项茶旅融合模式（见表15-2）。

表 15-2　茶旅融合模式

茶旅融合层次	茶旅融合模式	茶旅产品内容
基本层次 （观光旅游）	"茶文化 + 观光旅游"模式	●以茶园、茶山、茶庄园、茶厂等自然生态景观和工业建筑资源为主要载体，向游客提供茶叶种植加工、茶园景观欣赏、茶山观光游览等旅游产品。
提高层次 （度假旅游）	"茶文化 + 休闲度假"模式	●以茶文化休闲度假庄园为主要载体，集茶叶种植加工、文化展示、度假养生于一体，并向游客提供茶道体验、茶艺培训、茶宴养生等体验项目，或定制茶文化休闲旅游产品。
主题层次 （专项旅游）	"茶文化 + 展览展示"模式	●以茶文化博物馆、主题茶展等为主要载体，如浙江杭州的"中国茶叶博物馆"、四川蒙顶山的"世界茶文化博物馆"等，向游客展示有关茶的历史文化、趣味故事、相关专业知识等，让游客系统了解茶文化历史。
	"茶文化 + 乡村旅游"模式	●依托某一自然茶村，提供如采茶、制茶、品茶、赏茶等旅游项目，结合农家民宿、特色餐饮等其他乡村旅游资源，吸引游客。
	"茶文化 + 研学旅行"模式	●以茶文化研学基地为载体，通过茶叶采摘、展示讲解、制茶体验、茶艺欣赏等方式，向游客科普茶学知识，传播传统茶文化。
	"茶文化 + 节事活动"模式	●举办茶开采节、斗茶大赛、茶文化旅游节、茶博览会、国际茶日、全民饮茶活动等，满足游客茶叶商贸交流和茶文化体验的需求。
	"茶文化 + 商贸旅游"模式	●以茶加工、茶商贸为核心功能的茶产业园或商贸城为载体，如广州芳村茶城、福建政和中国白茶城等，向游客提供茶文化休闲、茶产品赏购、茶市场调研等旅游消费。
	"茶文化 + 文创产品"模式	●借助文创将茶文化显性化、IP 化、实体化，创造茶叶以外的茶文创衍生品，吸引对趣味性、文化性和创意性茶文化衍生物感兴趣的游客。

🫖 任务引入

2020年5月21日举办的首届国际茶日中，中国农业国际合作促进会茶产业委员会共收到185条全国茶乡精品茶旅线路推介，经过评议，共40条茶乡旅游线路脱颖而出。记者就此采访茶叶协会会长。

记者：会长您好，请问从空间分布来看，我国茶旅线路的分布情况如何？

会长：从空间分布来看，南方的茶叶主产区的精品茶旅线路居多。福建、浙江、湖北各有5条线路，安徽、四川各有4条线路，陕西、云南各有3条线路，广东、湖南、江西各有2条线路，江苏、重庆、贵州、广西、海南各有1条线路。

记者：从出游时间看，我国茶旅旺季一般在什么时候？

会长：一年中春夏两季都是茶文化旅游的好时节，尤其是春季。这与茶叶的生长和采摘时间有关。茶文化精品线路包括春季踏青线路和夏季避暑线路各20条。从报名选送的情况来看，春季踏青线路占比57.8%。

记者：此次评选的茶旅线路主要有哪些类型？

会长：从线路规划来看，此次旅游线路类型丰富多样，特色鲜明，主要有四种形式：第一，康养旅游。如湖北恩施的富硒茶健康养生游、广东新丰的高山有机茶园之旅、四川峨眉山禅茶康养基地等。第二，生态观光游。春季寻春踏青，夏季茶谷避暑。如西双版纳大渡岗世界最大连片茶园一日游、三峡茶谷生态观光旅游线路等。第三，茶文化体验游。如舟山千岛禅茶文化休闲之旅、婺源茶文化之乡寻茶之旅等。第四，研学茶旅，如福建武夷山智荟茶旅研学路线、贵州云端茶海心上毛尖之旅等。

🫖 任务分析

在全域旅游和文旅融合的背景下，茶旅融合成为茶产业发展的新方向。从记者对茶叶协会会长的采访内容看，优秀的茶旅线路设计要考虑很多内容，如空间分布、出游时间和线路内容等。茶旅线路设计的类型主要有康养旅游、生态观光游、茶文化体验游、研学茶旅等四种类型。旅游线路的设计对于茶文化旅游而言十分重要，如果旅游线路设置不合理，体验感不强，就可能会打消游客的旅游兴趣和参与积极性。

茶旅线路设计是一项技术性很强和具有可操作性的工作，直接影响茶旅活动的质量和旅游效益。在进行茶旅线路设计时，既要尽可能满足游客的旅游愿望，又要便于旅游活动的组织与管理，所以在茶旅线路设计中应遵循以下五个基本原则。

第一，效益原则。游客对线路的基本要求是"花最少的时间和费用，获取最大的茶旅体验"，所以游览时间的长短、游览项目的数量与质量、交通时间和花费的多少，将影响游客对茶旅线路的选择。同时，对茶旅目的地和经营者而言，则要以获取最大的经济效益、社会效益和生态效益为原则。

第二，特色性原则。特色，是茶旅线路形成吸引力的关键性因素。茶旅线路上的各个节点不仅要具有独特性，所联结的相关茶旅资源还要能呈现整体效果。

第三，不重复原则。茶旅线路要尽可能设计成线状、环状和网状，避免不必要的重复和迂回往返，最好不走回头路。

第四，张弛有度原则。茶旅线路设计要张弛有度，节奏感强，安排好优质节点与一般节点的关系；要全面分析游客的心理，将游客的心理需求与景观分布结合起来考虑。

第五，安全性原则。茶旅线路设计要尽量避免游客拥挤、线路堵塞等造成旅游事故，要避免通过地质灾害区、气象灾害区和人为灾害区，要注意设置必要的安全保护措施。

任务实施

精品茶文化旅游线路设计应该统筹安排、科学规划、系统设计，提高多方利益相关者在茶旅中的参与度。茶旅线路设计内容主要包括确定茶旅线路的名称、茶旅线路定位、选择茶旅节点、选择交通线路和方式、茶旅线路的体验内容、编排和组合茶旅线路、确定旅游线路的价格、评估茶旅线路方案等（见表15-3）。

表 15-3　茶旅线路设计步骤与设计内容

设计步骤	设计内容	举例
确定茶旅线路的名称	●要反映出旅游线路的性质、内容和设计的基本思路，名称简洁，主题突出，有创意、有宣传效应。	新四军故里红色茶乡二日游、万里茶道寻源之旅、生态硒都最美茶乡避暑之旅等。
茶旅线路定位	●为不同的消费群体设计特色化、个性化、品质化的茶旅线路。	针对不同消费群体，中俄蒙"万里茶道"设计6条旅游线路： ●神奇茶路之旅，探寻茶路古道风貌； ●红色文化之旅，重温革命历程； ●世界遗产之旅，探寻人类的共同瑰宝； ●高山流水之旅，畅游中国最美山水； ●商帮贾风之旅，探寻茶商多彩人生； ●穿行欧亚之旅，享受跨国自驾乐趣。
选择旅游节点	●选定旅游线路上的主要景区、园区和城市节点。	六堡茶寻根问源之旅的主要节点：六堡茶生态旅游景区（"苍松"茶厂生态茶园、合口码头、八集山庄），塘平村（六堡茶发源地），山坪村（瑶族风情），大中村（全国一村一品示范村）。
选择交通线路和方式	●选择适宜的交通线路和交通方式。	普洱市"世界茶源·养生养心"之旅的周边主要城市交通方式： ●飞机：普洱—昆明，普洱—长沙，普洱—上海，普洱—北京。
		●火车：思茅—昆明，思茅—西双版纳，思茅—老挝万象。 ●自驾：思茅—宁洱，思茅—墨江。 ●直通大巴：思茅—宁洱，思茅—昆明，思茅—大理。

（续表）

设计步骤	设计内容	举例
茶旅线路的体验内容	●主要包括茶文化旅游的吃、住、行、游、购、娱等内容，涉及茶历史文化、名山大川、茶俗风情、茶礼仪、茶艺术茶园景观及茶事活动等。	"山环水润　茶香英德"茶文化精品旅游线路，2天1夜的行程主要内容： ●第一天：宝晶宫生态旅游景区→红旗茶厂（午餐可安排在红旗茶厂的公社饭堂）→仙桥地下河→积庆里红茶谷（晚餐和住宿可安排在积庆里仙湖旅游区倚峦风吕温泉度假酒店）； ●第二天：小龙女彩虹茶园→九州驿站·天门沟→（午餐可安排在九州驿站景区的餐厅）→九龙峰林晓镇→T三有机茶园景区。
编排和组合茶旅线路	●将选定的茶旅节点、交通线路、食住娱购等进行编排和组合，形成有特色、有吸引力的茶旅线路。	
确定旅游线路的价格	●根据包价方式不同，研究确定茶旅线路的价格。	
评估茶旅线路方案	●对茶旅线路实施进行评估分析。	

📖 知识拓展

茶旅融合产品开发

茶旅融合，有利于推动茶文化在更深层次的保护和传承。我国各地在茶文化的保护和传承中，探索出茶旅融合的有效路径，形成茶旅主题线路、节庆活动、习俗体验、美食品鉴等不同类型的茶旅融合产品，对于优化茶旅环境、带动茶经济发展起到了积极的促进作用。通过茶旅产品的开发，将茶园参观、体验、购物、住宿、餐饮等融入茶产业之中，不仅延长了茶产业链条，也提升了茶产业的附加值。

一、研学型茶旅产品开发

以茶育人，是传承、创新和传播茶文化的重要路径。研学型茶旅产品，既可以在中小学校开展，与素质教育结合成茶文化课堂，将其打造成特色校园文化；又可以与研学旅游结合，基于茶园的空间场域功能发展中小学"第二（自然）课堂基地"，寓教于娱。在自然条件和生态景观优越的茶园还可打造写生摄影类基地，吸引摄影、绘画等艺术协会或个人爱好群体,形成不同层次的研学旅游效应。通过茶主题研学活动,可以让更多儿童、青年人参与到知茶、采茶、制茶、品茶、礼茶的全过程之中,引导他们了解中国茶历史,体验中国茶文化魅力,将茶文化传承的种子种在他们心中,进而推动、实现茶文化的普及性教育。

二、休闲型茶旅产品开发

传统茶产业中,茶场所的价值主要以生产加工性质的茶园茶厂、社交消费性质的茶馆茶楼等形式实现,茶叶的生活价值则基本停留在植物饮品层面。茶文化旅游的蓬勃发展与娱乐康养市场的发力,推动茶产业突破传统场域价值与生活价值的界线。休闲型茶旅产品的开发可从三个方面进行设计。第一,观光休闲为主的茶主题公园。开发集茶叶加工、休闲品茗、生态观光、茶文化展示等为主要内容的茶主题公园。第二,体验游憩为主的休闲场所。如茶文化精品酒店、特色型茶主题民宿和养老型茶庄园等,重点开发特色茶饮、茶膳、茶点、茶浴等茶叶生活服务内容。第三,娱乐游玩为主的茶园休闲项目。对于条件合适的平地或台地茶园,可开发轻型飞机、滑翔伞、热气球等低空飞行运动,丰富茶园的游乐活动项目,延伸茶园观光采摘以外的功能。

三、科普型茶旅产品开发

中国现代茶文化是既包括了厚重的历史文化,又涵盖着现代茶叶科技文化的多元文化体,这是发展科普性茶旅得天独厚的优势条件。目前,国内的科普性茶旅活动主要采用茶博物馆、茶科技园、茶生态园等馆园形式开展。可以借助VR(虚拟现实)、全息投影等现代科技手段动态还原唐、宋、明、清等朝代的饮茶风俗与制茶方式的不同形态,让旅游者身临其境地感知欣赏如陆羽煎茶、唐朝宫廷茶会、宋人点茶等茶文化历史的场景原貌,也可以为以径山茶宴、安化千两茶制作工艺为代表的非物质文化遗产类资源的恢复性发展与保护性利用提供开发方向。以"动静结合"为原则,以"视听触嗅尝"多感官联动为设计理念,通过构建茶历史文化和茶科学知识与旅游消费者之间的互动模型,促进茶知识文化自主走进旅游者内心,增强旅游的互动性和体验感,提升科普型茶旅产品的趣味与活力。

四、创意型茶旅产品开发

在茶叶生产、饮茶方式、茶的应用领域等生产生活层面进行创意设计。当前最流行的是旅游者"自行采茶制茶"的传统设计,在此基础上,设计"茶叶DIY拼配间""茶饮DIY调配间""茶叶包装创意间"等,提供标准操作和基础指导,供旅游者根据基础茶样特点及个人需求喜好自行拼配"私房茶",自行设计创意茶饮,自由设计个性的专属茶叶外包装等。以体验、自主与分享为开发理念，将茶叶生产中的加工与拼配工艺、茶饮调配技术、茶叶包装设计等适当地"弱专业化"，转化为旅游开发资源，调动游客的创新思维和创意设计能力，注重创意化内容和层次的延伸，实现制茶体验项目的高度参与感与个性化的体验需求，提升茶旅产品的质量，激发茶旅融合持续发展的活力。

任务考核·理论考核

1.（单选题）茶民俗风情类属于茶旅资源基本类型中的（ ）文化资源。

A.物质　　　　　B.生态　　　　　C.精神　　　　　D.非物质

2.（单选题）（ ）是茶旅线路形成吸引力的关键性因素。

A.特色性　　　　B.美观性　　　　C.多样性　　　　D.安全性

3.（单选题）茶旅线路（ ），负责为不同的消费群体设计特色化、个性化、品质化的茶旅线路。

A.定名称　　　　B.定位　　　　　C.定价　　　　　D.定节点

4.（单选题）（ ）茶旅产品开发，能够让旅游者身临其境地感知欣赏宋人点茶的场景原貌。

A.研学型　　　　B.休闲型　　　　C.科普型　　　　D.创意型

5.（单选题）唐代顾渚紫笋贡茶遗址属于（ ）茶旅资源。

A.茶自然资源类　　　　　　　　B.茶事遗址类

C.茶特色建筑类　　　　　　　　D.茶民俗风情类

6.（多选题）茶旅融合，是旅游业与茶产业跨界合作、联动发展的新形式，将（ ）等融为一体进行旅游开发。

A.茶叶种植　　　B.茶叶生产　　　C.茶园景观　　　D.茶俗风情

7.（多选题）茶旅融合的意义主要包括（ ）。

A.经济价值　　　B.社会价值　　　C.生态价值　　　D.生产价值

8.（多选题）根据茶叶的独特属性，茶旅资源分为（ ）基本类型。

A.物质文化资源　　　　　　　　B.生态文化资源

C.历史文化资源　　　　　　　　D.非物质文化资源

9.（多选题）从茶旅融合的性质看，茶旅融合模式可分为（ ）。

A.基本层次　　　B.提高层次　　　C.主题层次　　　D.综合层次

10.（多选题）茶旅线路设计，应遵循（　　）、张弛有度原则等基本原则。

A.效益原则　　　　B.特色性原则　　　C.不重复原则　　　D.安全性原则

11.（判断题）"茶旅融合"是茶产业转型升级的需要，是延伸茶产业链功能的需要，是多层次多方面发挥茶文化综合效应的需要。（　　）

12.（判断题）为了宣传各地茶叶特色、弘扬茶文化而举办的各种茶事活动，属于茶文化艺术类资源。（　　）

13.（判断题）借助文创将茶文化显性化和实体化，吸引对趣味性、文化性和创意性茶文化吸引物感兴趣的游客，属于茶旅融合的"茶文化+展览展示"模式。（　　）

14.（判断题）茶旅融合有助于将茶文化元素、茶自然景观、茶记忆资源、茶民俗风情的资源优势转化为经济优势，深度打通"绿水青山就是金山银山"的价值转化路径。（　　）

15.（判断题）茶旅线路设计是一项技术性很强的工作，对茶旅活动的质量和旅游效益影响不大。（　　）

【答案】

1.D　　2.A　　3.B　　4.C　　5.B

6.ABCD　　7.ABC　　8.ABCD　　9.ABC　　10.ABCD

11.√　　12.×　　13.×　　14.√　　15.×

🫖 任务考核·实操考核

表 15-4　茶旅线路设计实训要求

实训场景	茶旅线路设计实训。
实训准备	●老师提前给学生发布茶旅线路设计实训任务，要求学生查阅相关资料，确定茶旅线路设计主题。 ●老师印制评分表，分发给全班同学。
角色扮演	●5~6 人一组，其中组长一名，其余为组员。 ●组长组织组员完成资料搜集、主题讨论、线路设计、方案评估等工作。
实训规则与要求	每组完成一份茶旅线路设计方案，并制作 PPT 进行交流。
模拟实训评分	见表 15-5。

表 15-5　茶旅线路设计实训评分表

序号	项目	评分标准	分值	扣分标准	得分
1	确定茶旅线路的名称	要反映出旅游线路的性质、内容和设计的基本思路，名称简洁，主题突出，有创意，有宣传效应。	15	主题较明确，扣2分。 名称超过 10 个字，扣 2 分。 基本无创意、无宣传效果，扣 2 分。	
2	线路定位	为不同的消费群体设计特色化、个性化、品质化的茶旅线路。	15	消费市场细分依据欠分析，扣 2 分。 不同群体消费行为欠分析，扣 2 分。 茶旅线路缺乏特色化、个性化、品质化，扣 5 分。	
3	选择旅游节点	选定旅游线路上的主要景区、园区和城市节点。	10	旅游节点的选择与主题关联度不强，扣 2 分。 旅游节点的选择与资源分析、市场分析欠呼应，扣 2 分。	
4	选择交通线路和方式	选择适宜的交通线路和交通方式。	10	交通线路和方式的选择对空间距离欠考虑，扣 2 分。 交通线路和方式的选择对时间距离欠考虑，扣 3 分。	

（续表）

序号	项目	评分标准	分值	扣分标准	得分
5	茶旅线路的设计内容	主要包括茶文化旅游的吃、住、行、游、购、娱等内容，涉及茶历史文化、名山大川、茶俗风情、茶礼仪、茶艺术茶园景观及茶事活动等。	10	对消费对象的消费能力欠考虑，扣3分。 参观游览和体验的茶文化旅游项目分布合理性较差，扣2分。 涉及的茶文化旅游要素不丰富，吸引力不强，扣2分。 吃、住、行、游、购、娱等内容与茶旅线路主题关联性不强，扣2分。	
6	编排茶旅线路	将选定的茶旅节点、交通线路、食住娱购等进行编排和组合，形成有特色、有吸引力的茶旅线路。	10	不同的旅游节点、旅游活动，在空间编排方面欠合理，扣3分。 旅游线路的总时间的确定与具体时间的细化，欠精确，扣3分。	
7	确定旅游线路的价格	根据包价方式不同，研究确定茶文化旅游线路的价格。	10	对旅游线路盈利欠考虑，扣2分。 对旅游市场接受程度欠考虑，扣2分。	
8	旅游线路方案评估	对旅游线路实施进行评估分析。	5	对旅游线路实施评估欠科学，扣2分。	
9	汇报交流	汇报茶旅线路设计的内容要全面，汇报人员要讲普通话，表情自然，表达清晰熟练，具有亲和力。	15	仪容仪表不够美观大方，表情较自然，较具有亲和力，扣2分。 PPT制作较精美，普通话较准确，扣2分。 内容较全面，每漏掉一部分扣3分。	
总分（满分为100分）					
教师评价					